地方都市を公共空間から再生する

日常のにぎわいをうむデザインとマネジメント

柴田久

学芸出版社

まえがき

本書は、衰退する地方都市を公共空間から再生するための具体的な方法や考え方についてまとめたものである。特に地方都市が日常の「にぎわい」を取り戻すことの重要性を示すとともに、そうしたにぎわいをうみだす公共空間のデザインとマネジメントの要点を具体的な事例を交えて詳述している。また、実践的な知見をできるかぎり「分かりやすく」「深く」伝えることを念頭に、多くの写真や図表を用いて、筆者自らが経験した現場での成功例と失敗例を紹介している。

まず導入編となる第1章で、地方都市の現状と地域活性化のための公共空間整備に求められる考え方を整理し、日常的なにぎわいをうむデザイン手法について論じている。最初の章ということもあり、ここでは活性化やまちづくりに関わる筆者の思想的な背景を述べるとともに、今後の地方都市活性化に求められる評価の方法についても提案した。

第2章から第4章は、公共空間整備の事例を中心とした実践編である。第2章では、第1章で述べた考え方やデザイン手法の実践例として、実際ににぎわいを取り戻した福岡市の警固公園再整備事業のプロセスをその成果とともに示している。第3章では、地方都市の抱える課題をより鮮明に述べたうえで、課題解決のための方策と具体的な手順を、公共空間の再整備計画（廃校の利活用、中心市街地活性化のための拠点づくり、目抜き通りの再生）の事例から具体的に解説する。第4章では、生き残りをかけた地方都市のブランドづくりをテーマに、そのための公共空間整備のあり方を、実務的な設計・施工上の工夫、近年注目を集める世界遺産登録、風景の保全に向けた仕組みと新技術に加え、活性化に向けた社会実験の実例を通じて詳述している。

第5章では、これまでの日本の公共空間の現状を相対的に見るため、アメリカ地方都市の公共空間のデザインとマネジメントを事例検証し、我が国への示唆と有益な知見を明らかにしている。最後の第6章では、地方都市を公共空間から再生するための市民参加と合意形成について、問題提起も交えながら考え方と具体的な方法論を、ワークショップやコミュニティ・デザインの手法をもとに解説している。

以上のように、本書は相互に関連性を持つ章構成となっている。同時に、各章の内容それぞれ完結しているので、読者の興味にあわせてどの章から読み進めて頂いても一向に構わない。また本書は、地方都市を公共空間から再生するうえで重要となる基本的考え方から、ややマニアックな技術の話まで、いわば一挙両得を目論む内容となっている。これは本書が主に地方都市や公共空間に興味を持つ学生や、地方都市の再生に奔走する現場の実務者、両方に読んで頂きたい気持ちの表れであり、何卒、ご笑覧頂きたい。

地方都市にとって何が問題視され、いかなる再生が求められるのか？　そして公共空間にできることは何なのか？　そのためにはどのようなデザインとマネジメントが求められ、留意すべき点はどこにあるのか？　そうした問いかけに、本書が少しでもこたえられていることを切に願う次第である。

２０１７年10月　柴田　久

目次

まえがき　3

第1章　今、地方都市に必要な〝にぎわい〟とは何か……9

1　地方都市活性化の本質　10
地方都市の現状と必要とされる公共空間整備／本当の活性化に必要な三つのポイント

2　まちとの日常的関係をデザインする　15
日常的な「地域らしさ」を活かす景観デザインの技術／「眺めの質」をデザインする／「見る・見られる」の関係をつくる／利用者の自然な行動「必然性の線」を見つけ出す／居心地の良い場所づくりと維持管理

3　市民との日常的関係をデザインする　24
「ものづくり」を通して実現するコミュニティ・デザイン――空間と社会の生産・再生産／ワークショップの普及と功罪／活性化をはかる3次元評価のすすめ―利用者数・利益・時間価値

第2章　まちとの結びつきを取り戻した、福岡市・警固公園再生プロジェクト……33

1　オープンスペースの可能性　34
人の活動の受け皿としてのオープンスペース／商業都市を目指した福岡市の発展／犯罪の温床であったかつての警固公園／再整備事業の推進と検討体制／再整備に求められた五つの課題／防犯性と景観性の両立

2　利用者の行動を見据えたデザイン　45
公園とまちとのつながり――視線・動線・眺め――をデザインする／公園への愛着を活かす

3 再整備プロジェクトの評価——利用者行動の変化 52
公園再整備によるにぎわいの再生と防犯効果／周囲にもたらされた波及効果／日常のにぎわいをうむデザインの可能性

第3章 地方都市の日常的課題に挑む、公共空間の利活用…………59

1 生き残りをかけた活性化拠点としての公共空間再整備 60

2 過疎化問題と小学校の跡地利用——福岡県朝倉郡東峰村 61
東峰村が直面する過疎化問題／旧小石原小学校の跡地活用計画／事前の現状把握と地域課題の解決を含めたプランづくり／専門家と市民が設計プロセスを共有する／自主的な活動運営者を戦略的に育成する

3 大手百貨店撤退後の市街地再生——大分県佐伯市 75
行政不信と計画白紙撤回からの拠点づくり——大手前地区開発プロジェクト／市民参加で再起をかけた基本計画策定／まちをつなぐ8の字回遊動線の提案とものづくりワークショップの効用／日常使いを中心にした活用方法と施設規模の検討／調整力の重要性——事前の戦略的なガバナンス

4 歩行者中心の道路空間整備——大分県国道197号線「昭和通り」 90
歩道拡幅と交差点4隅の広場化——リボーン197プロジェクト／歩道を邪魔するクロマツの保存問題／交差点の広場化からうまれた新たなパブリックスペース

第4章 地方都市のブランドを支える日常の美しさのつくり方…………101

1 世界遺産登録が地方都市におよぼす功罪 102

2 日常の美しさをうむ公共空間の設計と施工 106

自然素材を活かす――「マテリアル」と「仕上げ」／道路景観が地域らしさを支える――アスファルトの有用性／景観に配慮したコンクリート活用法／見通しをもつ柵の重要性

3 世界遺産登録につながる「普通」の道づくり――長崎県小値賀町 117
眺めを確保する道路整備と景観保全／住民と観光客のコミュニケーションを促すサイン整備

4 日常の風景を守る仕組みづくり――長崎県の取り組み 125
公共事業デザイン支援会議／文化財としての島の景観保全――五島市久賀島／行政職員と市民が共有する公共施設デザインガイドライン――五島市を事例に／デザインガイドラインの実例と特徴／景観アドバイザー制度――宗像市

5 あるものを活かしたブランドづくり 147
町産木材を活かす「木のまちづくり」――岩手県住田町／海岸の侵食対策と景観保全――宮崎県宮崎海岸／海岸の風景を守る土木施設の新技術

6 活性化に向けた社会実験の心得――大分県津久見市 156
助走期間が人とお金を呼び込む――コンテナ293号プロジェクト／実験後を見据えた周知・にぎわい・事業づくり

第5章 アメリカ地方都市の公共空間デザイン・マネジメント……163

1 アメリカの先進性と留意点 164

2 車中心から人のための道路整備へ――サンフランシスコ・オクテイヴィア並木通りの再整備 165
1940年代の高速道路整備と1960年代の反対運動／地震を契機とした高架高速道路の撤去／オクテイヴィア並木通り設計案のスタート／並木通りと沿道整備のプロセス／設計者に聞く、並木通りのデザインのポイント／多様な関係者による徹底した議論と合意形成／並木通りの整備がもたらした経済的効果／ヘイズ・グリーン公園がもたらしたコミュニティ効果／大規模事業からの転換とランドスケープ・アーキテクチュアの役割／社会的・経済的結節点を創出する

3 市民が使いこなすパブリックスペース 182
公共空間を使いこなす／視線をデザインする／世界遺産登録に勝る、自国ブランドへの誇り／プロフェッショナルの育成

第6章 地方都市の日常を支える市民参加と合意形成……197

1 公共空間整備に不可欠な合意形成力 198

2 合意形成プロセスの要点 199
広域から局地を捉える／施設整備を課題解決の契機に変える／普段の利用を中心に考える／ターゲットは誰か——その後の利用者と支援者づくり

3 ワークショップの心得 208
ワークショップと説明会の違い／ファシリテーターの役割と要点／プロセスとプログラムのデザイン

4 ワークショップにまつわる二つの疑念 213
住民参加の形骸化と免罪符問題／よくある質問——ワークショップは洗脳か？

5 合意形成の極意 218
頭でなくカラダを使うこと／本当の「主体性」が形成されているか

6 コミュニティ・デザインと空間デザイン 221
コミュニティ・デザインと参加型まちづくり／コミュニティ・デザインの12ステップと習熟すべき四つの手法／多様な価値観を共存させる調整力

あとがき 231

索引 234

第 1 章
今、地方都市に必要な“にぎわい”とは何か

地方都市活性化の本質

1 ― 地方都市の現状と必要とされる公共空間整備

2016年に出された総務省の「地域活性化に関する行政評価・監視結果報告書」[*1]によれば、2012～2014年までの3年間における人口増減は、東京・名古屋・大阪の大都市圏[*2]で26・1万人（0・4％）増、地方圏では31・2万人（0・5％）減であったことが報告されている。[*3]また地方都市に関する状況として、調査対象となった262市[*4]のうち191市（72・9％）、周辺など市町村では1026市区町村のうち682市区町村（66・5％）が3年連続で人口減を経験した。つまり、言うまでもなく、我が国の人口減少は地方の問題なのである。

一方、景観法によると、「道路、河川、公園、広場、海岸、港湾、漁港その他政令で定める公共の用に供する施設」は公共施設と定義されている。本書は基本的にこの定義を念頭に小学校や公民館などの公共建築を含め「公共空間」と呼称し、述べていくものだが、そうした「公共空間」の整備に関わる「公共事業」が、一方で景気対策として扱われてきたことは周知の通りであろう。確かに景気を上向きに刺激する効果は否めない。しかし、その後、インフラの過剰整備やハコモノ行政といった揶揄が聞こえ始め、その頃から「公共」に対する市民の悪いイメージが認識され始めたようにも思えてならない。多くの人々にとって役立ち、喜ばれるはずの公共空間が「無駄なもの」と批判されるのは、専門家の端くれとしても胸が痛い。整備目的や規模の妥当性など、公共事業に説明責任は勿論あるが、もっと前向きなものでなければならないはずだ。すなわち、衰退する地方都市にとってこそ、公共空間の整備自体は景気刺激策にとどまらず、まちの暮らしや地域の活性化を導く方法論となり得る、というのが本書の主張だ。

地方の公共空間は既にストックとして蓄積されている。人口減少や超少子高齢化などの社会変化によって施設に対するニーズも変化し、機能転換やリノベーションなどの活用策が注目を集めている。民間の経営センスを行政が取り入れる時代は既に終わり、行政の仕事に民間が直接関与し、運用あるいは連携していく時代に入った。使い古された言葉ではあるが、利用や運用を見据えた施設整備など、「ハードとソフトの連携」はこれまで以上に重要視される。

先述の総務省の報告書には人口の現状に加えて、中心市街地活性化基本計画[*5]の効果が未だ十分でないことも報告されている。計画に基づく活性化事業として多かったのは、通行量増加を目標とした歩行空間整備、イベントの開催、さらに居住人口増加を目指すマンション建設などであった。しかし、このいわゆる中活計画で立てられた目標の達成を困難にした原因の分析、改善方策の検討について勧告がなされている。筆者らが独自に調べた中心市街地活性化基本計画に対する最終フォローアップ報告[*6]の分析でも、２０１５年５月末時点で活性化事業などの実施済96地区の評価（４段階）として「かなり活性化が図られた」は14地区、「若干の活性化が図られた」が72地区、「活性化に至らなかった（計画策定時と変化なし）」が７地区、「活性化に至らなかった（計画策定時より悪化）」が３地区との結果が得られている。[*7] 補助金をもらっている立場上、自地区の評価を甘く付けてしまう実態がないかと懸念されるが、むしろ何を持って活性化と評価したのか、具体的な指標に注目しなければならない。これに対し、内閣府地方創生推進事務局は各市の目標指標を7分野に分類し、歩行者などの「通行量」や「居住人口」、商店街の年間小売販売額といった「販売額」を挙げている。特に「販売額」について筆者らの調査では先述した96の自治体中、35の市が活性化を測る指標として挙げ、そのうち「基準値より改善」されたとしたのは高崎市、別府市、宝塚市などの5市のみであった。筆者らはこれら5市に対する現地踏査と自治体担当者へのヒアリングを行い、大型商業施設の売り上げやメインストリートの通行量が増えるなど、活性化に向けた奮闘ぶりを把握した。しかし、その一方で商店街に立地する個々の小売店への影響は未だ小さく、まちの面的な活性化には至っていない現状も垣間見られた。

地方都市に、にぎわいと経済的な潤いをもたらすことの難しさは、この面的な活性化の難しさにある。つまり、ある通りや一部のエリアの通行、居住している人の数が増えること、あるいは一部の店舗で商品が売れることは、成果の一つとして重要ではある。しかし、そのことのみをもって活性化と評するのは拙速と言え、指標に対するより一層の見極め、さらには地方都市の活性化に対する新たな計り方があるように思う。生き残りをかけた地方都市の面的な活性化を導くうえで、より多くの人々の意見や利用が想定され、広い範囲で「まち」に影響をおよぼせる公共空間だからこそ、そのデザインとマネジメントが有効に働くと筆者は考えている。

2 本当の活性化に必要な三つのポイント

文化ホールや図書館のような大規模施設など、大型の公共事業を巡っては、公募型のプロポーザルコンペによる受注企業の選定が一般的になってきた。当然、コンペの審査項目の一つに受注金額の試算が求められ、応募企業はコンペに勝つためにできるだけ低い金額を示す努力が求められる。しかし、現実には受注後の実施設計段階において、建設現場に携わる人手不足や建設資材の高騰も加わり、施工費用の増額を抑える設計内容の変更が議論されることも少なくない。そうなると事業目的に照らしつつ、具体的に何を優先し、施設や建造物の規模をいかに見直すかが議論されることとなる。

しかし、話はそう簡単ではない。特に地方都市での見直しに関する議論では、例えば文化ホールの設計に際し「席数が1000席以上無いとNHKのど自慢が来ない」とか、「この町は車社会だから、これではイベント時に駐車場が足りない」など、施設規模の縮小に断固として反対する意見もよく耳にする。稼働率や維持管理を見据えた施設整備のあり方が問われる今日、筆者は地方都市活性化に向けた公共空間整備のポイントとして以下3点を説くようにしている。

一つ目は「日常性」である。都市公園や活性化拠点となる公共空間はイベント開催に利用されることも多く、駐車台数や施設自体の規模に関して休日の来訪客（非日常）の利用が設計条件として強く影響するケースも多い。しかし、いかに普段から使われる場所となり得るか、その「日常性」こそがにぎわいを支え続ける根本であり、普段のにぎわいを断続的に見せることで、より大きな効果につながった先行事例に目を向ける必要がある。

二つ目に「波及性」である。整備された公共空間だけで人の動きや消費活動が完結しないこと、それらの施設を拠点としながら、周辺への回遊が促される工夫を十分検討しなければならない。整備事業によって隣接住区や商業圏、つまり街全体への波及効果を導き出すことが公共空間の大きな役割である。後述する警固(けご)公園の事例では公園の整備をきっかけに、隣接する商業ビルの改装と売り上げの向上が導き出され、新たな人の動きが生まれるなど、周辺に対する波及効果が確認されている。

三つ目は「継続性」である。維持管理に行き詰まり、供用開始後すぐに整備された施設の閉鎖や全く違う用途に機能転換されてしまっては意味が無い。多額の補助金や予算がつくことで過剰な施設をつくることのないよう、身の丈にあった施設の継続的運用について考えておく必要がある。またどの地方、地域にも、愛すべき、活かすべき場所や空間の履歴[*8]というものがある。事業によって端から全てを改変するのではなく、市民の愛着や従前利用者に好まれた場所や空間は継続して残せないか、その配慮が、にぎわいを保持する循環構造をつくり出していく。

筆者はこれら三つのポイントを覚えやすく伝えるために、駄洒落で恐縮ながら「N(日常性)、H(波及性)、K(継続性)」と呼んでいる(図1・1)。こうした地方都市における活性化のための「N・H・K」を念頭に、前述した見直しの議論や質の高い公共空間整備が進むことを切に願っている。

図1·1　地方都市活性化に向けた公共施設整備の三つのポイント「N·H·K」

2 まちとの日常的関係をデザインする

1 日常的な「地域らしさ」を活かす景観デザインの技術

活性化のための三つのポイント「N・H・K」に貢献する技術として、ここでは景観デザインの有効性について述べておきたい。筆者はこれまで景観設計に関わる理論をバックボーンに、道路や公園、海岸構造物など、いわゆる土木系社会基盤施設ならびに公共空間のデザインに携わってきた。景観工学の基礎理論である篠原修氏の「景観把握モデル」（図1・2）は、視点、視点場、主対象、対象場の4要素を用いつつ、良好な眺めが得られる関係性を模索する枠組みといえる。風景づくりにとって、主対象が魅力的に眺められる視点場の探索と快適性の創出は重要なデザイン行為だ。実際に筆者は、この視点場の設定が活性化につながるにぎわい拠点として有効に働く可能性を経験的に強く感じている。無論、魅力ある景観を保全、

図1・2　景観把握モデル（出典：篠原修編『景観用語事典（増補改訂版）』2007、p.31）

創出すればそのままイコール活性化につながるわけではないが、そうした魅力ある景観が眺められる場所が用意されることで、そこへの来訪者が増え、結果的に、にぎわいや経済的な活性化につながることは十分にありえる話である。

ただし、そうした観光中心の活性化を第一義とした景観整備が、単に景観を消費財として扱い、かえってその後の地域にダメージを与えてしまうケースも少なくない。そのためにもその視点場や対象には、地域に対する愛着や誇りとともに、豊かな日常生活が風景として醸し出されていなければならない。それが結果としてその地域の魅力やブランドとして認識され、にぎわいが取り戻されていく。まずはその地域にしかない魅力、その地域の「らしさ」を徹底的に考えぬき、共有し、いかに活かしていけるかを考える必要がある。その過程において、景観工学の知見や景観デザインによる場づくりが有効となり得る。

2―「眺めの質」をデザインする

一つ例を紹介したい。兵庫県の淡路島を通る神戸淡路鳴門自動車道に「淡路サービスエリア（以降SA）」がある。この淡路SAは東名高速道路の海老名SAなどと並び、全国でもトップクラスの売り上げを誇って

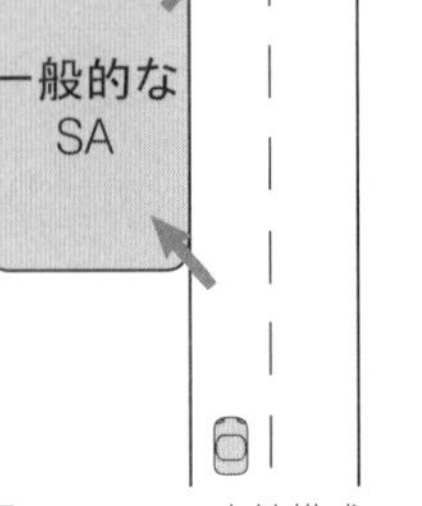

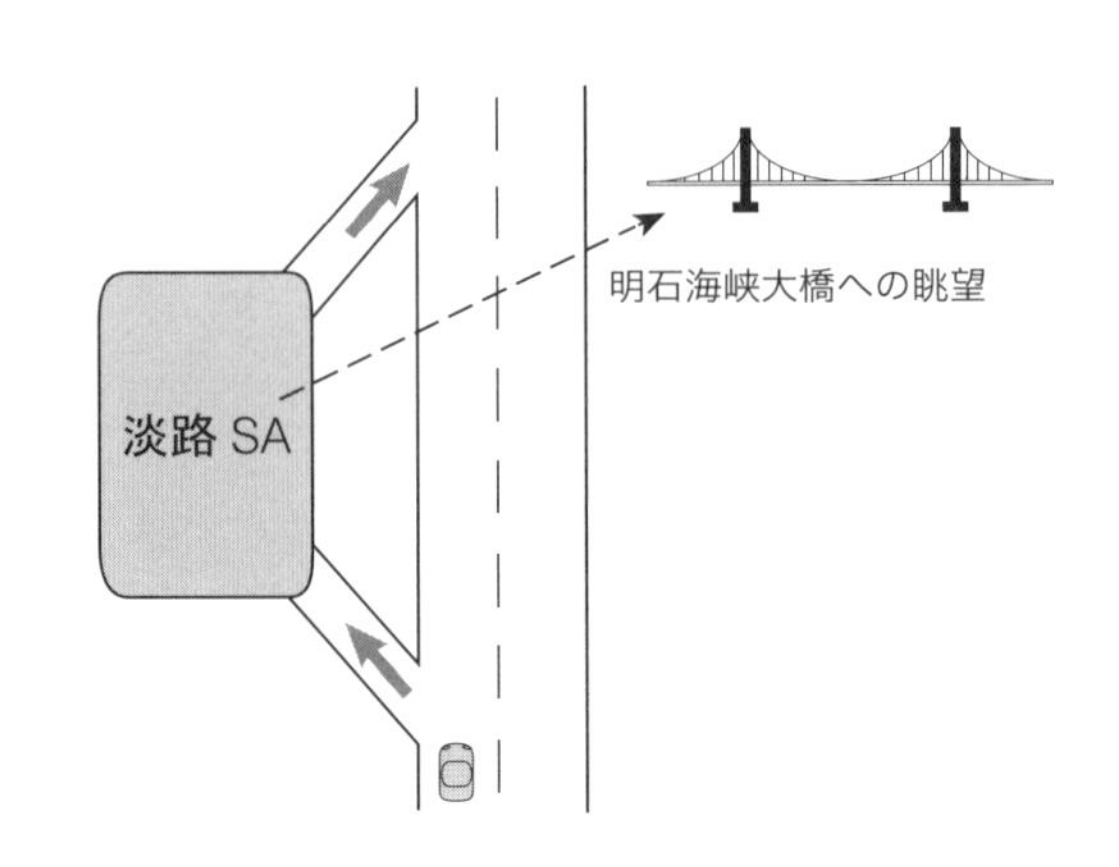

図1･3　SAの立地構成

いる。勿論、施設規模の大きさなど様々な理由が考えられるが、本SAは通常のSAと比べて立地に大きな特徴がある。図1・3を見てほしい。通常のSAは休憩する車のアクセス性を優先し、高速道路沿い、つまり直近に設置されるケースがほとんどである。これに対し、淡路SAは高速道路から少々離れた小高い場所に立地しているのが特徴だ。そこは本州側に広がる明石海峡に架橋された、明石大橋の美しいフォルムを側面から眺められる視点場となっている。SA内には橋をバックに記念写真の撮りやすい丘も設けられ（写真1・1）、休憩施設となるガラス張りのレストランでは、大橋と海、そして対岸にみえる神戸の街の景色を楽しみながら、食事ができる（写真1・2、1・3）。すなわち眺望の良さを十二分に活かした施設の設計と運営がなされている。これを景観工学的に述べるならば、明石大橋に対する眺めの確保と視線入射角をより広く取れる場所に視点場となる快適な施設が造られたこと、そしてより良好な景観体験が得られる場の集客性が、観光面での経済効果につながったデザイン事例と位置づけられる。加えて淡路SAは、施設自体の魅力を、そこからの良好な眺め（つまり施設の外にある魅力）によって向上させた事例とも捉えられる。これは日本庭園の手法としてよく知られる「借景」に通じる手法だ（写真1・4）。活性化を目

写真1･2　高速から少し離れた小高い場所にある淡路SA内の休憩施設

写真1･1　淡路SAから眺められる明石海峡大橋

指す拠点施設にとって良好な景観が得られる視点場を持つことは、その場所が持つポテンシャルを最大限に活かす施設整備の基本であり、しかも効率・効果的である。

3 「見る・見られる」の関係をつくる

さらにもう一つ、先述の、視線入射角に関わる興味深い事例をご紹介しよう。香川県観音寺市に瀬戸内海国立公園にも含まれる「琴弾（ことひき）公園」という公園がある。1897年に開園した琴弾公園は近代初の造園研究者と呼ばれる小沢圭次郎が設計し、国の名勝にも指定されている。園内には白砂青松とともに、周囲345mにもおよぶ銭形砂絵「寛永通宝」があり、隣接する小高い琴弾山の展望所からの眺望は本公園の名物となっている。写真1・5は琴弾山の展望所から見た銭形砂絵の様子だが、ここで読者の皆さんにクエスチョン。普通に見えるこの銭形砂絵、どこか普通でないところがあるのだが、お分かりになるだろうか。

正解は、この寛永通宝の銭形、実は円形ではなく、縦長の楕円形をしている（写真1・6）。この銭形砂絵は、1633年に当時の藩主、生駒高俊公が領内巡視をした際、地元の領民たちが藩主歓迎

写真1·3　明石海峡大橋と神戸の街が一望できる淡路SAの休憩施設内部

写真1·4　鹿児島市仙厳園は桜島を借景とする磯庭園である

のために造ったとされている。つまり、生駒公が現在展望所のある山頂から見たときに「銭形を普通の円にしたら、お殿様から見てひしゃげて見えるだろうから、よりきれいに丸く見えるよう縦長の円にしよう」と、領民たちの思いが詰まった造形なのである。砂絵をつくる際に、お殿様の視点の位置（高さ）を考え、形状をそのまま丸くつくるより、縦長につくるほうがきれいに見えるとの予測から、砂絵自体の形状を調整したものといえる。設計する施設がどこから見られる（見せる）かによって、施設自体のデザインを考え、魅力的な眺めを提供した本事例は、江戸時代における立派な、かつ見事な景観設計事例といえるだろう。

筆者はこうした「見る」と「見られる」を意識した施設もしくは空間づくりが、景観的かつ視覚的な結合を生み出し、相互の魅力を引き出す相乗効果につながるものと考えている。またこれまでの経験から、こうした「見る・見られる」関係づくりは景観デザインの有効な方法論であるだけでなく、活性化を目指す拠点づくり、にぎわいを取り戻す施設づくりにおいても極めて有効であると確信している。地方都市あるいは地域の魅力「らしさ」を発見し、それらをいかに見せ、そしてそれを眺め、楽しんでいる人がまた魅力的に見える様子をつくり出すこと、これらの総体的な場の風景が広く

写真1·6　上空から見た銭形砂絵。実際は縦長の楕円形をしている（Googleマップより転載）

写真1·5　琴弾公園の銭形砂絵

人々の心に訴えかける。そうした場を町に一つでも、二つでもつくり出していく地道な作業が、にぎわい再生と活性化を可能にすると考えている。

4 ― 利用者の自然な行動「必然性の線」を見つけ出す

公共空間を新たにつくることで、にぎわいや人々の有機的な行動をつくり出すことはそう容易くできる話ではない。まずはそれまでに見られていた人の動きや行動パターンを把握し、そこから人が必然的に動く「線」を見つけ出すことが有効である。さらにその必然性の「線」を活かしつつ、設計・計画対象となる空間をデザイン、マネジメントすることで、施設の魅力が未だ十分に伝わっていない段階から「ついでに行ってみよう」という意識や行動を起こさせることが重要だ。無目的な休憩や滞留を促し、「ふらっと立ち寄れる」居心地の良さを提供できるかどうかは、にぎわいや施設への愛着を形成するうえで極めて大切なポイントである。普段から通っていたのに気付かなかったまちの魅力を顕在化させ、その魅力を後押しする公共空間のデザイン、マネジメントがなされることで、まちとの結びつきを無理の無いかたちで可能にするのである。米国の著名なコミュニティ・デザイナーであるランドルフ・T・ヘスターは「都市に意味のある変化を起こすためには、人々の日常生活のなかに既に懐胎されている未来を意識し、デザインすることが肝要なのである」と指摘している。[*9] 日常の生活やそれを支える行動、場所の文脈・構造などの「パターン」を踏まえ、考えることが、変わることの避けられない「都市」の変化を人々に受容させる鍵となる。それまで日常的にあった必然性の線から、より良いまちへと変貌を遂げるための新たな動線を派生させることが、意味のある変化と魅力ある公共空間のデザイン、マネジメントにとって極めて重要であることを覚えておきたい。

では、まちのなかで公共空間や施設を組み込むエリアにいかなる必然的な線も見いだせない場合にはどうすれば良いか？　我々人間には、暮らしていくために必ず行う生活行為がある。毎日の食事には、必要な食料品を買いに行かなければならないし、食事のできる場所に赴くこともあるだろう。お金が無くなれば、銀行や郵便局に行って貯金を下ろしに行かなければならない。もしこれらの生活行為を満たす施設が、先述したエリアの周辺になければ、そうした施設を誘致、新設し、必然的な人の動線を新たにつくり出す提案が有効となる。そのためにも当該エリアの現状と課題に対する現地踏査や入念な聞き込み調査の重要性は言うまでもない。

5 ― 居心地の良い場所づくりと維持管理

先述したように、にぎわいをつくるためには、そこが居心地の良い場所であることは必須の条件といえる。景観工学を学んだ読者ならば一度は耳にしたことがあるかもしれないが、居心地に関わる重要な考え方として「プロスペクト・リフュージ理論（Prospect-Refuge Theory）[*10]」はとても参考になる。イギリスの地理学者J・アプ

写真1·7　高松市栗林公園の四阿

ルトンによって提唱された本理論は、人は生態的に自分の身を隠しながら、自分の視界が確保される場所を好み、そうした場所に居心地の良さを感じるというものである。アプルトン曰く、狩猟民族であった我々人間の本能的な感覚として、そうした「見晴らし」が良く、自身は「隠れている」場所に居心地の良さを感じるというもので、庭園内の四阿（写真1・7）や日陰に覆われた展望小屋（写真1・8）など、経験的にも理解しやすい。

写真1・9は東京都内のある小公園の様子だが、奥の高木横と通路側に寄った中央部の両方にベンチが並んで設置されている。筆者は暇な学生時代に半日ほどそこに佇んでいたのだが、見ていると人はみな奥の高木横のベンチに座り、中央のベンチには誰も座ろうとしなかった。アプルトンの理論からすれば、奥の高木に守られているベンチの居心地の良さに比べ、そのベンチに座っている人から常に見られ、かつすぐ横を人が通る中央部のベンチは確かに座る気にならないのも納得できる。にぎわいにつながる居心地の良い場所をつくり出すうえで、参考となる理論であるとともに、逆にそうでない場所には無駄な整備を避ける効率的な施設づくりにも役立つだろう。公園などの休憩場所として、至る所にバランス良く、均等な距離でベンチを置けば人が座ってくれるという考えは安易で

写真1·8　佐賀県唐津市七ツ釜の展望施設（撮影：仲間浩一）

写真1·9　東京都内のある小公園

表 1･1　芝生における種類ごとの特徴（葉色や材料費などは筆者の経験的な知見に基づき作成）

芝名	ノシバ	ヒメノ	コウライシバ	ヒメコウライシバ	ティフトン	セントオーガスチングラス
イメージ写真						
長所	日本芝と呼ばれる在来種の一つ。葉幅が広く、耐寒性が高い。乾燥にも強く、海岸や砂質地でも生長するため、ゴルフ場のラフや公園などの芝生や面積の広い地表面保護の管理的利用に適している	ノシバ改良種で踏圧、すりきれにも強い。密生度も高く、横方向への繁殖が早いにもかかわらず、上方向への生育が非常に遅い。そのため、刈り込み回数を抑えられるなど、省管理化に有効	耐塩性が高く、海沿いでの施工に有利。休眠性が浅く、冬季の緑色保持率も高い。ノシバに比べ小柄で、緻密な芝生面をつくり出す。最も一般的な芝生として、競技場などにも利用されている	茎や葉が繊細で、密生度の高い、きめ細かな芝生面をつくり出す。そのため個人宅の庭やゴルフ場のグリーンに多く利用されている。暖地に適し、関西以西の庭園などにも用いられている	葉は細かく、感触が柔らかい。耐踏圧性も高く、踏みつけによる損傷の回復力が強い。そのため運動競技場、校庭緑化にも多く用いられている。生長も早く、繁殖性も高い	葉が広く、耐踏圧性が高く、感触はやわらかい。特に雑草抑制効果が高い。繁殖性も高く、緑葉期間も比較的長い。耐陰性は暖地型芝草の中で最も高い。耐塩性にも優れ、海岸近くの利用にも向いている
短所	秋枯れが早く、緑葉期間が比較的短い。密生度に粗雑感があり、雑草抑制力も低い	生長がやや遅く、他の芝生に比べて材料費が高いため、初期費用がかかる	耐踏圧性、耐寒性はやや劣る	ノシバ、コウライシバに比べて生長が遅い。耐病性に劣る	刈り込み頻度が他の品種に比べて高い。耐陰性、耐寒性がやや乏しい	芝としてはやや荒く見える。コウライシバなどに比べ、やや値段が高め
葉色	緑色	濃緑色	淡緑色	淡緑色	濃緑色	濃緑色
葉幅	広い	広い	狭い	狭い	狭い	広い
耐寒性	高い	高い	普通	普通	普通	高い
耐踏圧	普通	普通	低い	低い	高い	高い
耐陰性	普通	普通	普通	普通	やや低い	高い
材料費	安価	高価	安価	安価	安価	やや高価

ある。人は居心地の良い場所を求めて、時間を過ごそうとする生き物なのである。

公共空間内の居心地を考える際には、往々にしてこうした植栽の配置や木陰の向きを考慮したベンチなどの配置、距離などが留意すべきポイントの一つとなる。一方、公共空間においては、前述した活性化のポイント「継続性」の観点からも、そうした植栽の「維持管理」に関する配慮も忘れてはならない。表1・1は芝生における種類ごとの特徴を整理したものだが、緑豊かな居心地の良い場所を保持していくためには、その場所の特徴や利用の仕方にあわせた、維持管理上のメリット・デメリットを考慮しつつ、植栽していくことが肝要である。

市民との日常的関係をデザインする

1 「ものづくり」を通して実現するコミュニティ・デザイン——空間と社会の生産・再生産

風景と人、そして活性化に関わる筆者の思想的背景について、もう少し述べておきたい。周知の通り、今日、住民参加型のまちづくりは全国に浸透し、特に震災以降、人のつながりの大切さが見直され、「コミュニティ・デザイン」という仕事の注目度も高まったように感じる。コミュニティ・デザインについては、その職能を一躍有名にした山崎亮氏の先行書[*11]に譲るとして、ここでは雑駁ながら我が国の建設分野に絞った議論を展開したい。まず「住民参加」という方法論に高い注目が集まった時期として１９９０年代後半〜２０００年代前半が挙げられよう。この時期、土木の計画学分野では、アメリカ型パブリック・インボルブメントが台頭し、[*12] 建築分野ではヘンリー・サノフのデザインゲーム[*13]や入居者が共同で設計に携わるコーポラティブハウスなどの成果[*14]が高く評された時代であった。その後、特定非営利活動促進法（ＮＰＯ法）の制定など、「新しい公共」として市民団体組織に期待が集まり、世田谷区などの先進自治体によって参加の方法論に対する整理、蓄積が進んでいく。ランドスケープの分野においても、先述したアメリカのコミュニティ・デザイナー、ヘスターの方法論が我が国に有用な成果として紹介され、筆者のまちづくりやランドスケープ・デザインに対する思想的なルーツもここにあると言っていい。

当時は、公園や街路といった公共空間のデザインやプランニングに、周辺住民の意見を聞くプロセスを組み込み、利用者のニーズにあった空間づくりとともに、そうしたプロセスを介すことによって希薄化した地域コミュニティの再生が企図されていた。今日、話題となっているコミュニティ・デザインにおいても、人と人との交流をいかに生み出し、商店街や地域の活性化を促せるかは重要な論点といえる。少々異なる印象を受けるのは、以前のようなハードの「つくること」を念頭に置いたまちづくりを前提としないところであろうか。とはいえ、その考えも以前のコミュニティ・デザインの考え方と全く相反するものではなく、これまでに参加のまちづくりに携わってきた諸氏の多くが賛同できるものと考える。

しかし、筆者が学んだ住民参加のまちづくりや景観づくりを巡っては、コミュニティ・デザインという仕事の目標像に「ものをつくること」は常にあった。勿論、具体的な「もの」の議論までしなければコミュニティ・デザインが成立しないと言っているわけではない。私も「ものをつくる」話など全く出てこないコミュニティ活動に取り組み、一定の成功と失敗を経験した。ただし常にあったのは、何かものをつくろうとする場に、コミュニティが再構築されていくプロセス（私にとってそれが住民参加という方法論だったのだが）を組み込むことで、つくられる「もの」の質や使われ方を向上させたいという姿勢であった。これは少し小難しい言い方になることをご容赦頂くと、ものを「空間」、コミュニティを「社会」と言い換えれば、ルフェーブルの指摘する「空間と社会の生産・再生産」の関係[*15]と捉えられる。すなわち、魅力ある「社会」が構築・生産されることによって、魅力ある「空間」が生産され、そしてその「生産された空間」によって、さらに「社会がより魅力的に再生産」されていくという循環関係である（図1・4）。

だからこそ、筆者にとって「ものをつくること」の議論は重要であった。魅力ある「もの」が存在し続けることで、一過性でない社会の課題解決につながると信じていた。まだ住民参加がデザインの現場に導入され始めた頃、参加が流行で終わらないためにも、参加によるデザインの質が良くならなければいけないと真剣に考えていた。当時の筆者は景観や風景のデザインにおいて、専門家と呼ばれる人たちが住民といかに連携し、成果を紡ぎ出していくかが今後の課題になるだろうと考えていた（若かったので「思い込んでいた」といった方が適当かもしれない）。すなわち、筆者は景観デザインの重要な要素として、景観設計の専門家あるいはランドスケープ・アーキテクトが、成果となる「もの」の質にこだわったコミュニティ・デザインの実践が深く

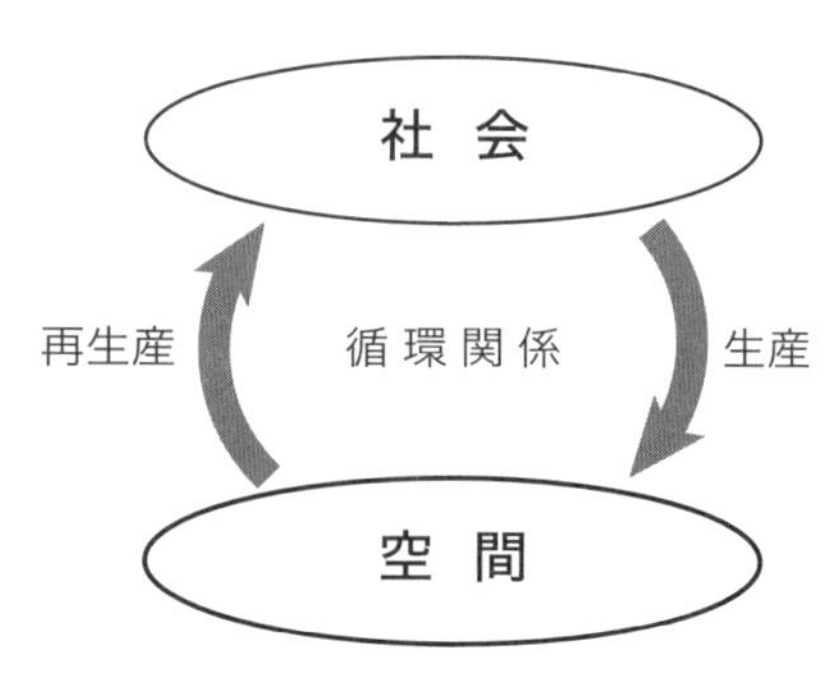

図1·4　空間と社会の循環関係

関わるものと考えている。

2 ワークショップの普及と功罪

一方、そうしたコミュニティ・デザインや住民参加型まちづくりが普及したなかで、強く思うのは、ワークショップなどの合意形成の手法が無分別に多用されている設計や計画の現場の危うさである。多くの自治体職員やコンサルタントの技術者が何かしらの事業で住民とのワークショップを経験し、グループ・プロセスを経た合意形成に一定の実績と自信を持たれている状況は喜ばしい。しかし、その自信が時に空回りし、専門家や有識者、住民など、参加者全員の属性や構成、人数に関係なく、ワークショップと言えば、班分けしたテーブルに白い模造紙とポストイットを広げ、多くの意見を抽出できたことで住民参加の成功を感じている方も意外と多いのではないか。重要なのは、ワークショップを主催する設計・計画者が、開いているワークショップの主旨やプロセス全体における位置づけを十分に理解し、得られた意見の内容や種類によって最終的な成果がいかに良くなるかのビジョンを持ち得ているかであろう（6章にて詳しく述べる）。住民参加の形骸化は従来から批判されているところだが、参加の手続き自体を安易に「良いこと」と捉え、冷静かつ戦略的な方法論として参加が結実するのかどうかを省みないケースが、近年多くなってきているようにも見える。模造紙を使った住民との合意形成がいくら上手くなったとしても、あるいは参加者同士が楽しく知り合いになれたとしても、得られた住民意見からより質の高い成果を導き出せなければ、住民参加型まちづくりとして十分な成功とは言えまい。

本書の文脈から付言すれば、その成果に公共空間のデザインやマネジメントがいかに介在し、貢献することができるかに腐心しなければ、設計・計画される施設や空間は一向に良くならず、前述した空間と社会の生産・再生産の関係も生まれてはこない。現在、国やたくさんの自治体とお付き合いをするなか、復興やオリンピック開催に関わる公共事業拡大の話もよく耳にする。留意すべきは、以前、批判を受けた単なる「ハコモノ」ではなく、使われる・魅力ある・長く愛される施設をつくっていけるかだと強く思う。そうでなければ、また社会は建設業界への不信へと戻っていくに違いない。やや大仰かもしれないが、景気回復や地方の衰退など、滞る社会の変化を促すためにも、公共空間や施設のデザイン、マネジメントの成果が今まさに問われている。

3　活性化をはかる3次元評価のすすめ──利用者数・利益・時間価値

冒頭で述べたように筆者は全国の中活計画の地区について、目標とその達成度をはかるために各地区（実際には自治体）が設定した指標の内容を調査した経験がある。活性化指標として最も多かったのは「通行量」であり、その他「居住人口」や地区内の商店における「販売額」なども多く設定されていたことは既に述べた。活性化を目指した事業によって来訪者の数が増えること、あるいは地元商業の売り上げが伸びることは、活性化している証拠として分かりやすく、明快な目安なうえ納得もしやすい。しかし、これらの地区の実態を追調査してみると、「通行量」のカウントがある区間の祭日やイベント日を含めた人数であったり、中活エリア内にできた大型店舗のみが売り上げを向上させていたりと、前述した日常性や波及性の考え方とはかけ離れた状況も散見された。

地方創生のＫＰＩも同様に、今日、地方都市の活性化は様々な目標とその実現を立証するための指標が客観的、あるいは有効かどうか、盛んに議論されている。しかし、一方で、土台、人口減少の激しい地方都市において、地域をそうした「数」による一律の基準で計ろうとする評価制度に限界を感じているのは筆者だけであろうか。自治体も活性化のための補助金をもらっておきながら「やはり活性化しませんでした」とは言い難く、そうした状況のなかで評価基準の設定や評価自体が行われている可能性も否めない。実際、自治体が回答した活性化状況の判断として最も多かったのは「若干の活性化がみられる」であったし、当該地区にとってどの程度有益であったのか何とも評価しにくい。しかし、それは誰のせいでもなく、ある意味、制度の構造上、仕方のない状況と言え、情状酌量の余地もあるように思える。既存の「活性化」に対する量的な評価軸が明確で分かりやすいだけに、行政だけでなく市民もその評価にとらわれすぎているように感じる時がある。無論、最初から自治体が補助金をもらわなければ良いという考え方もあるだろうが、自治体によっては、補助金に頼らない施策や施設整備が体制的に模索しづらい実情も見られる。実際、地方の現場で自立、自走のまちづくりについて説くと、「勿論、分かってはいるが現実的にはいろいろ難しいですよ」と話される担当者も多い。彼らが見ているその現実のなかで理解してもらえる着実かつ新たな一歩、もしくはもっと違う現実を見ようとする力を養うための具体的な後押しが今一番必要だと感じている。

筆者は地方都市の現場に多く携わってきた経験から、活性化を目的とした公共空間の整備効果を捉える三つの評価軸が重要ではないかと考えている(図1・5)。一つは、先ほどから述べている「通る、休む、使う」といった整備された空間に対する「利用者数」であるが、あくまでも日常的な利用者を中心にしながら、非日常の利用者を捉えていくイメージの軸線である。二つ目は、空間整備によって空間自体もしくは周辺の商業圏になにかしらの「利益」が生み出されることを計る軸である。これら二つの軸はこれまでにも重要視されてきた評価項目であるし、活性化を考えるうえで極めて分かりやすい。

これらに加えられる三つ目が、空間を利用する一人ひとりの「時間価値」の軸である。これまでにも「滞留時間」を活性化の評価指標として設定する自治体はわずかながらあった。しかし、ここで提案する「時間価値」とは、単に時間の長さを計るのではなく、空間の整備によって利用者一人ひとりの過ごす時間が整備前と比べていかに質的に向上しているかを、地域コミュニティの満足度の高さとして計る軸である。無論、抽象的な評価軸で、その具体的な計り方については現場や地域の状況に照らしながら議論すべきところも多い[*16]。しかし、こうした三つの軸をまたがる立体的な効果を目指すべきであること、その「体積」が大きければ大きいほど良い活性化ではないかという考え方を提案する意義について強調しておきたい。

さらにこの3軸の提案によって「日常的な利用者しかおらず、直接的にはわずかな経済効果であっても、地域コミュニティにとって価値の高い時間が過ごせる活性化施設のあり方」を肯定的に議論することもでき、前述した分かりやすい量的な評価に偏る体制を再考するきっかけにできればと思っている。面積でなく体積となる整備の方向性を考えること、さらに「横に広がった三角柱」でも「上に

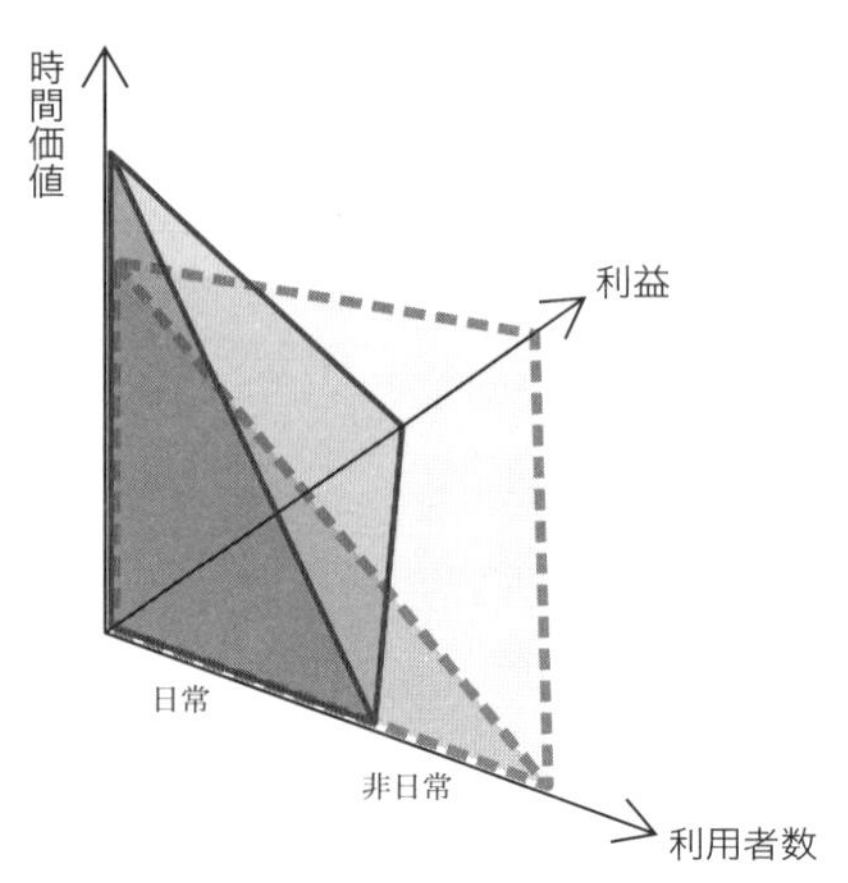

図1·5　活性化に対する三次元評価

とがった三角柱」でも活性化の体積は一緒かもしれない。各地方、都市、地域にとって活性化をとらえる立体の形は様々あり、どんな「活性化の立体形」を目指していくかを考えること自体、一律な指標から抜け出す最初の一歩として重要ではないか。次章からはそうした利用者数や経済効果などの量的かつ実利的なにぎわいの再生とともに、一人ひとりが過ごす時間の価値を豊かなものとする活性化のかたちを念頭に、地方都市・公共空間のデザインとマネジメントの具体策について述べてみたい。

注釈・文献

＊1　総務省『地域活性化に関する行政評価・監視結果報告書』総務省行政評価局、2016年7月

＊2　上記報告書では「大都市圏」を国土利用計画に基づく三大都市圏の区域内に所在する市区町村で地方都市に該当しない市区町村とし、「地方圏」とは大都市圏の区域外の市区町村としている。

＊3　前掲（＊1）42頁

＊4　定住自立圏構想推進要綱（2008年12月26日付け総務事務次官通知）に基づき、定住自立圏の中心市の要件を①人口が5万人程度以上であること、②昼間人口を夜間人口で除して得た数値が1以上であること、③当該市の所在する地域について、（i）「国土利用計画（全国計画）第4次」（2008年7月4日閣議決定）における三大都市圏（埼玉県、千葉県、東京都、神奈川県、岐阜県、愛知県、三重県、京都府、大阪府、兵庫県及び奈良県）の区域外に所在すること、（ii）三大都市圏の区域内に所在する場合においては、地方自治法（1947年法律第67号）第252条の19第1項の指定都市（以下「政令指定都市」という）又は東京都特別区に対する当該市の従業又は通学する就業者数又は通学者数の合計を、常住する就業者数及び通学者数で除して得た数値（以下「通勤通学者の割合」という）が0・1未満であることのいずれかに該当するものとし、2015年4月1日現在で262市を挙げている。前掲（＊1）4、28、31頁

＊5　報告書によればここでの中心市街地とは「（i）相当数の小売業者及び相当程度の都市機能が集積し、市町村の中心としての役割を果たし、（ii）機能的な都市活動の確保又は経済活力の維持に支障を生じ、又は生じるおそれがあり、（iii）都市機能の増進及び経済活力の向上を総合的かつ一体的に推進することが当該市町村等の発展にとって有効かつ適切と認められる市街地をいう」とされている。前掲（＊1）2頁

＊6　中心市街地活性化基本計画については、各市自ら計画期間満了後に取組（事業等）が予定どおり進捗したのか、目標は達成されたか等を自己評価（最終フォローアップ）として報告することとなっている。それらの結果については内閣府地方創生推進事務局によって年度ごとに整理、公開されている（http://www. kantei. go. jp/jp/singi/tiiki/chukatu/followup/140708followup. html）

＊7　池田隆太郎・柴田久・石橋知也「最終フォローアップ報告に見る中心市街地活性化指標の達成状況とその評価に関する考察」２０１５年度『土木学会西部支部研究発表会講演概要集』土木学会西部支部、Ⅳ-25、２０１６年３月

＊8　桑子敏雄『空間の履歴─桑子敏雄哲学エッセイ集』東信堂、２００９

＊9　Randolph T. Hester, *Design for Ecological Democracy*, The MIT Press , 2006, p.281,　なお本書全文の翻訳は、土肥真人氏が代表理事を務めるエコロジカル・デモクラシー財団（http://ecodemofund.wixsite.com/mysite）のセミナーで読むことができるので参考にされたい。

＊10　ジェイ・アプルトン著、菅野弘久訳『風景の経験──景観の美について』法政大学出版局、２００５

＊11　例えば山崎亮『コミュニティデザイン──人がつながるしくみをつくる』学芸出版社、２０１１、『コミュニティデザインの時代──自分たちで「まち」をつくる』中央公論新社、２０１２など。

＊12　屋井鉄雄著・市民参画型道路計画プロセス研究会編集『市民参画の道づくり──パブリック・インボルブメント（ＰＩ）ハンドブック』ぎょうせい、２００４

＊13　ヘンリー・サノフ著、小野啓子・林泰義訳『まちづくりゲーム──環境デザイン・ワークショップ』晶文社、１９９３

＊14　例えば延藤安弘他＋熊本大学延藤研究室『これからの集合住宅づくり』晶文社、１９９５など

＊15　アンリ・ルフェーブル著、斎藤日出治訳『空間の生産（社会学の思想）』青木書店、２０００

＊16　「時間」の価値に関しては、認知心理学の分野において、同じ時間であっても短く、あるいは長く感じるといった、人の時間に対する「感覚」を評価するアプローチが既に多くの知見を見せている。さらに整備された空間で過ごす時間を「経験」として評価する「経験価値」も類似例として挙げられる。アメリカの経営学者バーンド・Ｈ・シュミットによれば「経験価値」には、SENSE（視覚、聴覚、触覚などの五感を通じた感覚的経験）、FEEL（人の感情に訴えかける情緒的経験）、THINK（人の知性や好奇心に訴えかける創造的・認知的経験）、ACT（肉体的経験や新たなライフスタイルなどの発見）、RELATE（特定の文化や集団の一員であるという感覚）の五つの側面があるという。Bernd H. Schmitt , *Experiential Marketing : How to Get Customers to Sense, Feel, Think, Act, and Relate to Your Company and Brands*, The Free Press, 1999（邦訳　バーンド・Ｈ・シュミット著、嶋村和恵、広瀬盛一訳『経験価値（エクスペリエンシャル）マーケティング』ダイヤモンド社、２０００

（撮影：片田江由佳）

第 2 章
まちとの結びつきを取り戻した、福岡市・警固公園再生プロジェクト

オープンスペースの可能性

1 ― 人の活動の受け皿としてのオープンスペース

近年、公園や広場、公開空地などの「オープンスペース」は、人の活動や利用の受け皿として、都市や地域の活性化に貢献する極めて高いポテンシャルを持った公共空間といえる。オープンスペースにおける利用の様子は、「にぎわい」を視覚的に分かりやすく伝え、まちの活性化拠点として期待されることも多い。しかし、逆に活動や利用がなければ、閑散とした「空きの風景」が目に見えて横たわり、まちの雰囲気を決定づける要注意の施設でもある。また一方で、都市内の避難場所として、あるいは過密化する都市環境の抑制策として「空いていること」自体が価値を持つとの見方も看過できない。空き地を埋め尽くすかのごとく、いつでもどこでも使われていれば全て良いという単純な話でもない。すなわち、防災や防犯などの安全安心、環境的なゆとり空間の確保など、現代社会において都市の「オープンスペース」が今求められている機能を再考する必要が出てきている。

現在、都市公園内での保育園設置やカフェなどの収益施設に対する設置許可期間の緩和など、都市公園の整備に民間事業者の参入を促す法改正が進められている。土肥真人氏（東京工業大学准教授）によれば、江戸には木戸によって仕切られた「往還」が人々の盛り場として機能し、明治の近代化によってその「往還」が自動車の利用を中心とした「道路」に変容していった史実が明らかにされている[*1]。つまり、昔は道路も立派なオープンスペースであったわけだが、こうした状況に回帰するかのごとく、車道の歩行者天国化や、歩道あるいは駐車場に人の休憩や収益活動のスペースを設置する試みが国内外で盛んに行われている[*2]（写真2・1）。

オープンスペースが本来求められる機能を果たしつつ、有効に活用されるための具体策はいかなるものか、活性化を目指す公共空間整備にとって重要な課題である。オープンスペースという公共空間がまちの活性化拠点として存在するために必要なポイントはどこにあるのか、またいかなる整備上の工夫が効果につながるのか。ここでは福岡市内の警固公園の再整備を実例に、都市公園でありながら都市内の「広場」としてのにぎわいと周囲への波及効果を生み出したデザインとマネジメントについて述べてみたい。

2 — 商業都市を目指した福岡市の発展

まずは近年、活力ある都市[*3]として注目を集める福岡市の現況につ

写真2·1　福岡市のはかた駅前通り歩道で行われた「ハカタストリートバル」

いて、特に公共空間や活性化に関わる取り組みを中心に紹介しておこう。福岡市は九州の北部に位置する福岡県の県庁所在地である。２０１７年６月時点で人口約１５６万人の福岡市は、現在、日本の市５位にあたる政令指定都市となっている。一方で２０１０年10月〜２０１５年10月までの人口増加率は５・１％と全国１位（２位は川崎市の３・49％）、若者（10〜29歳）の人口比率においても政令市中22・05％（２０１５年国勢調査結果より算出）で１位（２位は22・03％で仙台市、３位は21・72％で京都市）となっている。また同市は創業のための雇用改革拠点として「国家戦略特区」にも指定されており、２０１２年より「スタートアップ都市」を目指した様々な施策を展開させている。２０１７年には福岡市中心部の廃校となっていた旧大名小学校の１階から３階をリノベーションし、官民協働型のスタートアップ支援施設「FUKUOKA growth next」をオープンさせた（写真２・２）。同施設は起業に役立つ情報を入手できるスタートアップカフェやコワーキングスペースを備え、実際にスタートアップ企業も入居でき、福岡市での起業誘致を支援する試みが精力的に行われている。

　こうした状況をみると、福岡市は近年の過疎化や衰退が問題視される地域、地方都市とはかけ離れた印象であるが、昔からずっとこ

写真２・２　スタートアップ支援施設「FUKUOKA growth next」（撮影：片田江由佳）

のような発展を続けてきたわけではない。石橋知也氏（福岡大学助教）によれば、戦後の福岡市が、それまでライバル市であった県内1位の工業都市、北九州市の繁栄状況と比較・考慮し、北九州市との差異化を図った商業都市への都市政策転換が現在の成果につながっていることを歴史的に明らかにしている。[*4] 公共空間整備を巡る進行中の動きとして、博多港周辺や那珂川、中央公園付近など、再整備に関わる様々な施策があり、九州地方を牽引する都市として益々の活性化が目指されている。

3 犯罪の温床であったかつての警固公園

ではそのような福岡市にあって、再整備前の警固公園はどのような場所であったのか。警固（けご）公園は福岡市中央区天神の中心部に位置する1万㎡ほどの都市公園である（図2・1）。まわりにはソラリアプラザや三越、レソラ天神などの商業ビルが立ち並び、北西に西鉄福岡（天神）駅、南には警固神社と、天

図2･1　警固公園の立地環境

神街区の中庭のような公園である。11月末から1月初旬にかけては、福岡市のＴＭＯ「We Love 天神」が主催するイルミネーションに彩られ、多くの来訪者で園内は埋め尽くされる。また芸能人を多く輩出することで有名な福岡らしく、プロのアーティストを目指す無名の若者が路上ライブを行う公園としてもよく知られている（実際警固公園でのライブ経験者で有名になった歌手はたくさんいるらしい）。元々は九州で人気のローカル情報番組が、町行く人にインタビューをする取材場所として多用されたことが知名度向上のきっかけと聞いているが、九州一円他県を含め、ある種、若者の聖地のような公園と言っても良いかもしれない。

しかし、そうした状況とは裏腹に警固公園には別の夜の顔があった。当時の園内には北西部に高い築山があり（写真２・３）、加えて鬱蒼とした木々や老朽化したトイレの付近など、多くの死角や暗がりが存在していた（図２・２）。上述した築山の上部には屋根付きの展望スペースが設けられていたが、周囲から目の届きにくいことが災いし、若い女性が性犯罪の被害に合う事件が起こってしまう。他の死角、暗がりにおいても、痴漢や強姦などの性犯罪に加え、オヤジ狩りといった恐喝事件や違法ドラッグの売買など、前述した人気の様子とは全く違った裏の顔が警固公園には存在していた。加

写真 2･3　公園の北西角で死角をつくっていた人工築山

写真 2･4　ハント族

えて警固公園西側に隣接した警固神社通りには、ハント族（通りを歩く若い女性を無理やり車内に連れ込み、そのまま走り去る）と呼ばれる集団がたむろし（写真2・4）、深夜のスケートボードによる騒音、落書きなどの迷惑行為の被害も後を絶たない状況であった（写真2・5）。いつしか警固公園は犯罪の温床として、特に夜間はほとんど人通りの無い危険な公園という認識が広がっていった。

4 ― 再整備事業の推進と検討体制

これらの事態を打開すべく、2006年頃から福岡県警察によるパトロールや市民と周辺企業の職員らによる防犯ボランティアの活動が始まる。しかし、精力的な活動とは裏腹に、残念ながら抜本的な問題解決にまでは至らなかった。これを受け、高島宗一郎福岡市長の強い意向もあり、福岡市役所「みどりのまち推進部」はハー

図2・2　再整備前の公園平面図と死角の存在

ド面による対策に着手、２０１２年度より本格的な再整備事業をスタートさせる。ここで特筆しておきたいのは、２０１０年７月に発足された「警固公園対策会議」の存在である。本会議は本事業に先立ち、近隣住民ならびに福岡市役所・中央区役所、福岡県警察本部・中央警察署、福岡大学（筆者）によって構成され、毎回45名ほどの出席により、警固公園での事件発生の状況や再整備の方向性について協議がなされた（２０１４年１月までに計13回開催）（写真２・６）。現在、警固公園対策会議は中央区役所内の「警固公園利用推進会議」として引き継がれ、地元住民と行政、周辺企業が連携しつつ、公園の有効利用などに関する協議・活動を続けている。筆者は自研究室の学生らと共に、同公園の利用者動線、滞留行動調査を実施していたこと、またかねてより都市防犯研究の第一人者で、当時、建築研究所の主任研究員であった樋野公宏氏（現在、東京大学准教授）らとともに福岡県警察との防犯まちづくりの活動実績があったことから、前述の対策会議にアドバイザーとして参加要請を受けた。その後、公園整備におけるコンセプト提案、基本設計を担うこととなり、実施設計業務を受注した株式会社アーバンデザインコンサルタント（福岡市博多区）の加入とともに、実施設計の監修、現場監理（デザイン監修）の任に就くこととなった。

写真 2･5　園内に書かれた落書き

写真 2･6　住民と役所や警察の各部署が一堂に会する警固公園対策会議

5 ―再整備に求められた五つの課題

前述した対策会議での議論や市の意向として、警固公園の再整備に求められた具体的方針は大きく以下の五つにまとめられる。一つ目は見通しの確保であり、死角や暗がりは一掃することが根本的な課題であった。二つ目は、公園と公園周辺の双方向に開放された動線を確保し、人通りを多くすること。三つ目はベンチを使った前述のスケボージャンプなど、迷惑行為となっている不適切な利用の仕方を抑制してほしいとの要望であった。さらに四つ目には公園をセットバックし、前面歩道を拡幅すること。最後の五つ目は、老朽化し死角となっていたトイレを目につきやすいところに新しく移設することであった。その結果、前述した犯罪発生の温床となっていた築山を撤去し、後述する新たな中央園路の設置など、見通しと動線を考慮した再整備の実施につながっていく。

本再整備事業の設計プロセスにおいては、前述した五つの課題に対し、防犯効果の向上に向けた関係者間での協議が度々実施されている。筆者らは旧公園の夜の様子など、利用実態を把握するために、長年公園の防犯ボランティアに従事している天神校区町内会長の

写真 2·7　ヒアリング

藤木敏一氏、地域防犯を目的としたＮＰＯ法人日本ガーディアンエンジェルス福岡支部の島津明男氏他、公園利用者に対するヒアリング調査を実施している（写真２・７）。さらに園内の動線や滞留している場所とその内容などを調査し、結果を図にまとめた（図２・３）。その他にも筆者らは、警固公園全体の１００分の１模型（写真２・８）、ベンチの周辺に関しては5分の1模型を作製するなど、周辺商業施設からの見えや園内の傾斜など、立体的なスタディを繰り返すことで、公園内の空間的な特色を把握していった。

さらに再整備事業が後半になるにつれ、計画案の詳細な協議の場は、できるかぎり施工現場にて行った。後述する中央園路の幅員などに関しても、現地にて複数案検討を行った結果、歩行のしやすさおよび周辺からの見えを考慮し、園路舗装の最終案を導いた。さらに舗装やベンチに用いる石材の検討も、現地にて福岡市役所、施工業者合同のもと、石材サンプルを用いた大きさ、色味ならびに表面加工の仕上げ（警固公園では石材表面にサンドブラストを施している）まで丁寧な確認を心がけた（写真２・９）。こうした検討を重ねながら、同公園の再整備事業は無事進み、２０１２年12月に完

写真 2･8　模型検討を通して園内の見えなどをスタディした

写真 2･9　施工現場での舗装石材の確認

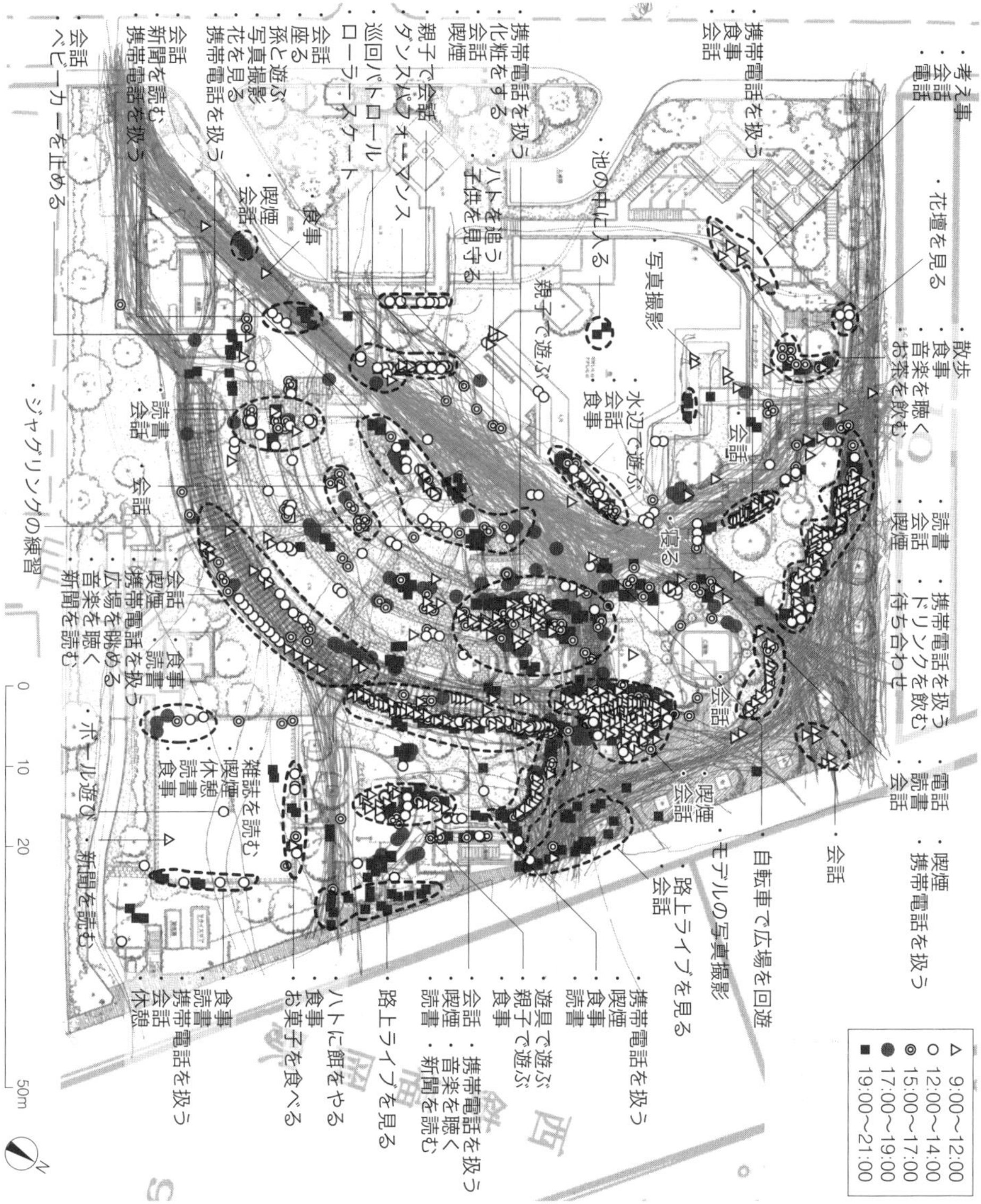

△ 9:00〜12:00
○ 12:00〜14:00
◎ 15:00〜17:00
● 17:00〜19:00
■ 19:00〜21:00

図2·3　旧公園の動線滞留調査結果（調査期間：2010年10月22·23·29日、福岡大学景観まちづくり研究室）

成、リニューアルオープンした。

6 防犯性と景観性の両立

先述した樋野氏は、同じく防犯研究の第一人者である雨宮護氏（現在：筑波大学准教授）らとともに「防犯まちづくりデザインガイド」[*5]を作成している。ここでは「防犯まちづくりの5原則」として①視認性の確保（見通しや明るさの確保によって、公共空間に人の視線が通る状態にすること）、②活動の促進（適度な活動が行われることによって、犯罪リスクが削減され、安心感があること）、③領域の階層化（公的空間と私的空間の緩衝となる準公（準私）的空間をつくるとともに、それらの階層を明確化すること）、④わがまち意識：住民などの地区に対する愛着、責任感、コミュニティ意識を高めること、⑤対象物の強化・回避（犯罪の誘発要因を除去したり、犯罪の被害対象になりうる物を強化したりすること）という、より多面的で外部とのつながりを重視した「開いた防犯」が提唱されている。

治安の悪化を契機に始まった警固公園の再整備事業は、前述した警固公園対策会議においても、当然のごとく「防犯効果の向上」を念頭に、当初の議論はそこに集中していたように思う。園内の死角を無くし、見通しを良くすることで、とにかく安全になることが当初の事業目的であり、またそれこそが最も重要なタスクであったことも間違いない。

一方で、警固公園は福岡の中心市街地、天神のど真ん中に立地している。単なる公園の防犯対策事業という位置づけではなく、福岡の都市景観を牽引する場所の一つとして、同公園の存在感をいかに高められるか、にぎわいを再生できるかが鍵だと当時の筆者は考えていた。こうしたことから筆者は警固公園再整備のデザインコンセプトを「防犯と景観の両立」と提案し、防犯上の問題を解決するためだけの見通し改善ではなく、公園の日常的な利用を念頭に、公園利用者の動線や滞留場所、個々の振る舞いに対して、園内ならびに周囲との「見る・見られる関係」をいかにつくり出し、魅力的に見せるかに腐心していった。

利用者の行動を見据えたデザイン

1 公園とまちとのつながり――視線・動線・眺め――をデザインする

では具体的にどのようなことを考え、デザイン上の工夫を施したか、順に紹介していこう（図2・4）。まず既に述べたように警固公園はビルと神社に囲まれており、園内の見通しを改善することによって、その先に見えてくる都会的でお洒落な建築前面（ファサード）や隣接する神社の雰囲気、歩道の人通りなど、周囲の様相を公園の魅力として取り込めると考えた（いわば前章でも言及した庭園技法の「借景」に通じる考え方である）。また逆に周囲からは園内の様子や来園者の活動、休憩する姿が十分かつ魅力的に眺められるかどうかを念入りにチェックしていった。すなわち、公園内外の視線交錯と改修後の公園の魅力が周囲に伝播することで、来園者の増加と人目が増えることによる防犯効果の向上を企図した

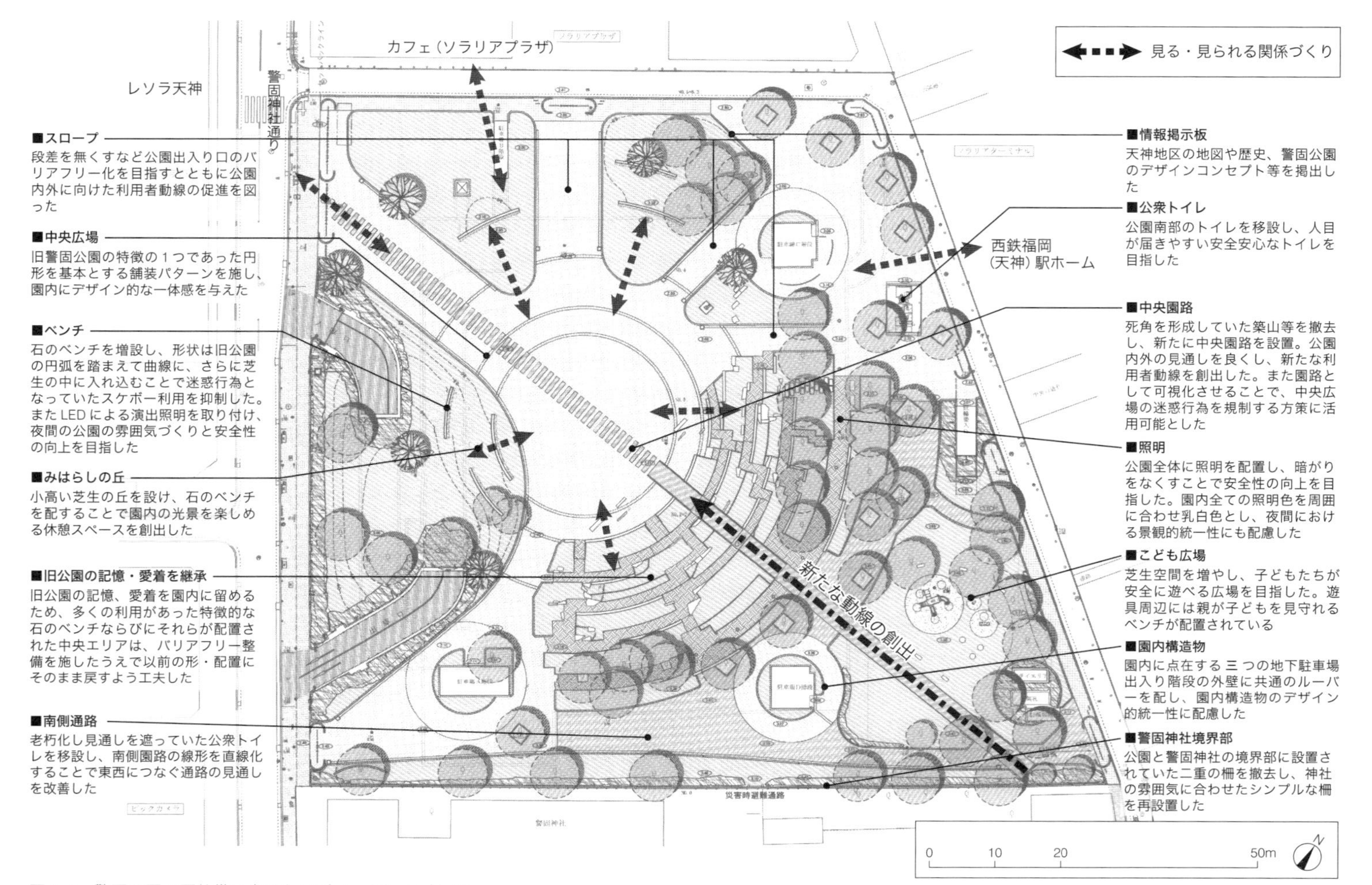

図2·4　警固公園の再整備に向けたデザインコンセプト図

のである。

具体的には前述した犯罪の温床だった築山を撤去し、歩道と接続する出入り口を大きく開けることで、隣接するレソラビル、同じく隣接する警固神社通りへの見通しを向上させた（写真2・10、2・11）。これによって園内からレソラビルのファサードとともに神社通りの人通りがみえ、逆に通りからは園内の様子が良く見えるという、視覚的な相互のつながりを強化することができた。同時に、新たに中央園路を設け、公園自体に訪れる人の往来と見通しの向上を図った。また中央園路の途中に中央広場を設置し、市民や企業などのイベント開催場所として利用しやすいオープンスペースを確保している（写真2・12）。

次にランドスケープデザインとして重要な植栽配置について述べておきたい。以前の警固公園では、鬱蒼とした植栽による見通しの悪さ、死角が問題視されていたことは既に述べた。一方で午後から夕方にかけ、レソラビルの陰が西側から中央広場を覆う状況も把握されていた（写真2・13）。そこで築山の存在によって見えにくかったソラリアプラザ2階のカフェの前面には敢えて高木などの設置を控えた。こ

写真2・10　再整備前の園内：公園向こう正面は若い女性を狙った性犯罪などが発生し立入禁止となっていた築山。また舗装された中央部のベンチに対しては周辺住民から深夜のスケートボードによる騒音など、迷惑行為と騒音被害が訴えられていた

写真2・11　再整備直後の園内。築山や中央部にあったベンチは撤去された

写真2·13　園内を覆うレソラビルの陰（ソラリアプラザからの眺め）

写真 2·12　中央広場でのイベント「DESIGNING? 2013」（撮影：井手健一郎）

写真 2·15　ソラリアプラザ内のカフェから見た再整備後の園内

写真 2·14　ソラリアプラザ内のカフェから見た園内（再整備前）

写真 2·17　再整備直後の西鉄福岡天神駅からの眺め

写真 2·16　西鉄福岡天神駅から見た園内（再整備前）

れにより、公園からカフェ、カフェから園内の様子が相互に眺められ、「後で行ってみよう」といった相互の来店／来園の促進を図った（写真2・14、2・15）。また前述の老朽化し、死角となっていた公衆トイレを、人目に付きやすい公園東部、西鉄福岡（天神）駅前に移設し、それに伴って既存植栽を1本のみ除去、2階電車ホームから園内が見通せるようにした（写真2・16、2・17）。

一方、警固公園には地下駐車場があり、車両出入り口が設置されている公園の西側は、園内よりも3mほど高い位置にあった。これを利用し、再整備案では、公園西側に小高い「みはらしの丘」を新設、演出照明の入った石のベンチ（円弧状かつ芝生内に入れ込み、前述した騒音被害となっていたスケボージャンプなどの迷惑行為を抑制）を配することで、中央広場や園内全体の光景が楽しめる着座スペースを創出している（写真2・18）。戸田知佐氏（オンサイト計画設計事務所）から「人が集まるお皿としての地面」と評していただいた園内における微地形のデザインであるが[*6]、中央広場への緩傾斜による窪みの空間をつくり出せたことで、中央広場の中心性と舞台性、園内での「見る・見られる」の関係を促進させる効果が得られた[*7]。

さらに園内全てのベンチは、座っている人の視線が交錯せずに、中央広場へ一方向に向かうよう配置している。同時に広場を隔てた両サイド

写真2・19　グループでのコミュニケーションを促す自然石ベンチの空間

写真2・18　新設された演出照明付きの石のベンチ

のベンチ間の距離も、視距離にして「表情の識別限界12ｍ、顔の認識限界24ｍ」（図２・５）を超えた約30ｍあり、着座者が対面しても、他人の視線が気にならない空間規模を確保している。またベンチの間隔も対人距離[*8]を考慮しながら、自然石ベンチの点在するエリアでは三角状の小空間を配置するなど、グループによるコミュニケーションの場にも利用しやすい多様性を持たせている（写真２・19）。

また暗がりが多く、人通りの少なかった南側通路は、前述した公衆トイレの移設と共に、通路自体の線形を直線化し、東西につなぐ通路の見通しを改善した（写真２・20、２・21）。同時に警固神社との境界部に２重に張られていた進入防止柵を、神社に合わせてダークブラウンのシンプルな柵に統合し、神社との間を行き来できる通用口も新設された。さらに神社側には植栽スペースも設けられ、段差もヒューマンスケールを念頭に、人が座りやすい40㎝を基本高さとして、神社を背に公園を眺められる場所となるよう設えた。いわば前述したＪ・アプルトンの「プロスペクト・リフュージ理論」に則った空間構成である。こうしたデザイン論に支えられた工夫を随所にちりばめたことが、結果的に警固公園全体のにぎわいを支える一助として機能しているものと考えている。

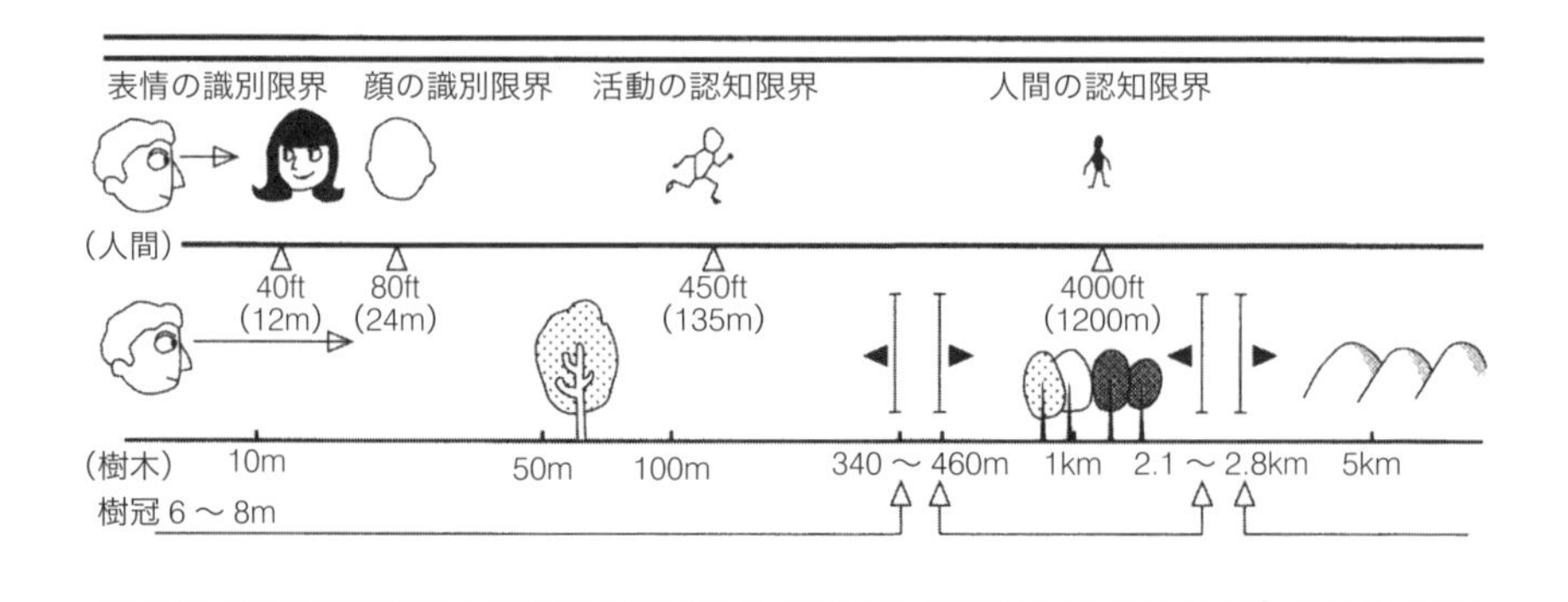

図２･５　視距離（視点から対象までの距離）に関する先行知見（出典：篠原修編『景観用語事典（増補改訂版）』2007、p.44）

2 ― 公園への愛着を活かす

公園などの空間が新たに更新される際、以前にあった空間の形や構造、雰囲気などをどのように捉え、リニューアルしていくかは極めて重要な検討項目である。空間全てを一遍に新しくした場合、新しい空間がいかに優れていたとしても、以前の空間や場所に思い出や愛着を持っていた人たちはどのように思うだろうか。無論そこから新しい思い出をつくることができれば幸いだが、往々にして淋しい気持ちやそこに対する親しみが離れてしまう可能性は十分に考えられる。警固公園では、市民の以前の公園に対する愛着に配慮し、再整備前多くの利用があった自然石ベンチのエリアは、公園内全体の段差をなくすバリアフリー整備を施したうえで、以前の形に再配置する工夫を行っている（写真2・22）。東京大学講師の小松崎俊作氏、同じく助教の尾崎信氏（現在は愛媛大学講師）らのインタビュー調査によれば、以前の公園で週に一度、夜間に警固公園でピストバイクを行っていた被験者と遭遇し、現在でも当時の仲間と時々来園して、石段を見ながら談笑しているとの回答結果が報告されている。[*9] 正直なところ、当時筆者が設計案を考えていた際、以前

写真2･21　再整備後の南側通路。見通しと人通りが改善された

写真2･20　南側通路（再整備前）。奥のつき当たりが移設前の公衆トイレ

の自然石エリアを残したまま、新たなデザインをどのように組み込み、整合的に更新していくか、かなり悩まされた。結果的にはいわば先述した「空間の履歴」[*10]に配慮したデザインを採用したことで、従前利用者と新公園の居心地に魅力を感じた新規利用者の両方の来訪を促すことにつながったものと考えられる。活性化を目指す空間のデザインにとって、整備前後の利用者や市民の思いをつなげることは大切な配慮であり、そのつながりが正の循環を生みだすことで「人が人を呼ぶ」状況をつくり出し、にぎわいの再生を後押ししてくれることを覚えておきたい。

3 再整備プロジェクトの評価——利用者行動の変化

1 公園再整備によるにぎわいの再生と防犯効果

ここからは再整備によって得られた効果について報告したい。まずはにぎわいの再生についてである。筆者らの研究室は再整備後の利用者行動の変化を探るため、リニューアルされた公園内の動線調査、利用・行動調査、意識調査をリニューアルから1ヶ月後の2013年1月に実施している。図2・6は再整備後の来園者の動線と利用行動の調査結果を表したものだが、旧公園の結果（図2・3）では半円状の自然石ベンチや中央部に多くの動線や利用が見られた一方、死角の多い公園北西部の築山周辺や公園

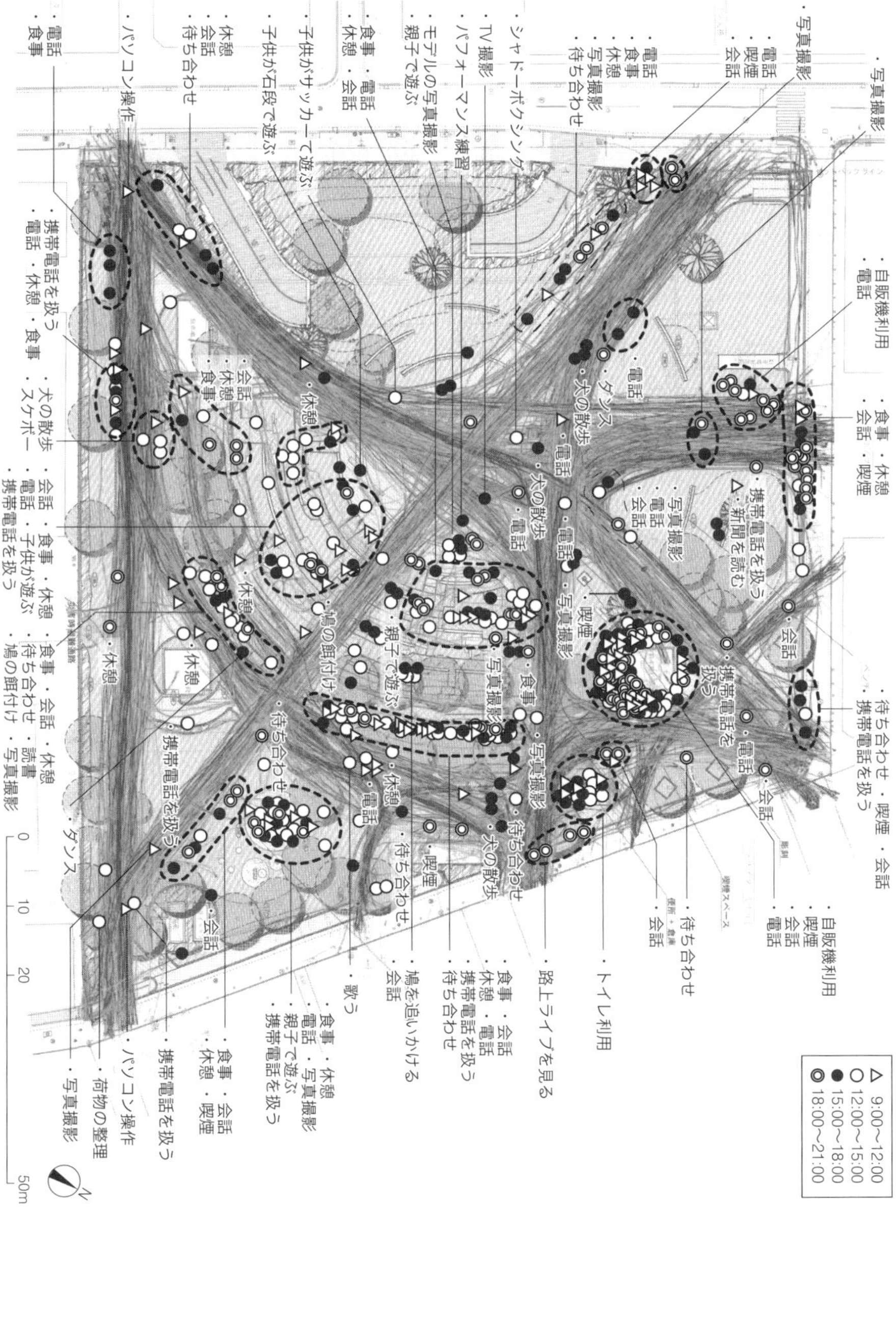

△ 9:00〜12:00
○ 12:00〜15:00
● 15:00〜18:00
◎ 18:00〜21:00

図2·6　再整備後における園内の動線滞留調査結果（調査期間:2010年1月18·19日、福岡大学景観まちづくり研究室）

南側通路の人通りはほとんど見られなかった。これに対し図2・6の再整備後の状況では、旧警固公園の結果と比べ、園内全体に動線の広がりが見られ、暗がりが多く、人通りのほとんど見られなかった公園南側通路においては、歩行者の数が格段に増えているのが分かる。再整備を経て新たに設けられた中央園路の往来も多く、1月という冬場に調査したにもかかわらず、多くの利用者、特に女性と子どもの増加が目立った。

次に防犯効果についてだが、筆者らは前述した1月とリニューアルから約1年後の2013年11月の2回にわたって、利用者の公園に対する聞き取り調査を行っている（被験者は1回目105名、2回目は120名）。まず1回目の調査では、整備前と比較した整備後の公園の印象について質問し、多くの利用者から「見通しが良くなった」「明るくなった」「安全・安心になった」との回答が得られている。加えて「オープンスペースで何かイベントをしてほしい」「都心でこのように広々としている場所は無いので良い」などの意見も得られた。また以前は人が少なかった「こども広場」でも多くの利用が見られ、広場で子どもを遊ばせている親からは「見通しが良くなり、安心して子どもを遊ばせられるのでよく来るようになった」などの意見も得られている（写真2・22）。また第2回目調査の

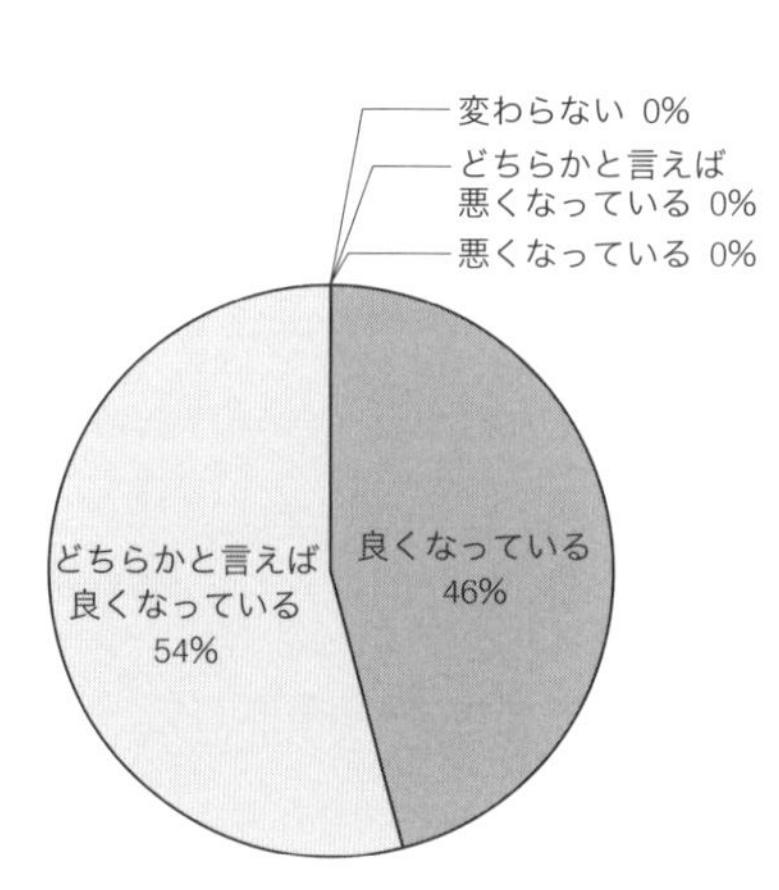

図2·7　公園利用者に対する体感治安調査結果

写真2·22　自然石ベンチのエリアと中央広場。何気なく人々が集まる（撮影：高見公雄）

「治安が良くなったか」、いわゆる体感治安に対する質問では「良くなっている」と回答した人が全体の46％、「どちらかと言えば良くなっている」が54％、その他選択肢として用意していた「変わらない」「どちらかといえば悪くなっている」「悪くなっている」の回答は皆無であった（図2・7）。

2 ― 周囲にもたらされた波及効果

防犯効果に関しては、2014年1月22日、第13回警固公園対策会議においても公園改修前後1年間（整備前では工事期間を含む）の犯罪情勢について報告がなされている。これによると、公園内の少年補導件数も減少、さらに悪質さが問題視されていた「ハント族」も見られなくなるなど、体感治安の向上が実数としても確認されている。

特筆すべきは、公園の再整備から約1年後の2013年11月29日、隣接するソラリアプラザが公園側の外壁を改修してリニューアルオープンさせたことである（写真2・23、2・24）。ソラリアプラザの改修に関してプラザを所有・管理している西日本鉄道株式会社広報室は「2012年度に刷新した警固公園の美しい眺望を最大

写真2･24　再整備から1年後にリニューアルされたソラリアプラザの外壁

写真2･23　再整備直後のソラリアプラザの外壁

限に活かすため、1階から6階までの外壁（南側エントランス）をガラスとする」と伝えている。また新しくオープンした公園側の店舗には、これまであった2階のカフェに加え、プラザ内の他の飲食店も「警固公園が一望できるカフェ」として移転し、3階の珈琲店では、移転前と比べ売り上げが約1・5倍になったと聞く。筆者は当時ソラリアプラザ館長だった東圭司氏に連絡を取り、リニューアルオープンの理由について伺った。東氏からは「警固公園の改修を機に、これまで背を向けてきた公園側に玄関口を置きたかった」とのコメントを頂くことができた（写真2・25）。また警固公園に隣接する警固神社の前田宮司からは「公園の再整備後、神社の参拝客が増加した」との報告を頂いている。このように、警固公園の再整備が治安改善と共に、周辺への経済的、空間的な波及効果をもたらしたことが確認されたものといえる。

3　日常のにぎわいをうむデザインの可能性

光栄なことに、再整備された警固公園は、都市デザインの先駆者、中野恒明氏より「日本版ブライアントパーク」と評して頂くなど、2014年度グッドデザイン賞、同年度土木学会デザイン賞最優秀

写真2・25　東ソラリアプラザ館長（当時）へのヒアリング

写真2・26　夜間時における警固公園

賞、福岡市都市景観大賞、2015年ランドスケープコンサルタンツ協会賞最優秀賞など、多くの受賞を得ることとなった（写真2・26）。改めて述べるが、提案したデザインの背景には、前述した「借景」や「プロスペクト・リフュージ理論」さらには「視距離」や「対人距離（PROXEMICS）」など、公共空間や景観デザインに関わる知見が様々な局面でヒントとなっている。こうしたデザイン論ならびにその実践が、にぎわい再生につながった一つの事例として、他地方での都市公園整備に少しでも役立つ知見となれば望外の幸せである。また公園内全てを改変するのではなく、既存利用者の愛着や記憶といった「空間の履歴」に配慮した、言わば「つなぐ」デザインを展開できたことも、心地良い「見る・見られる」の関係やにぎわいの再生につながったように思う。多くの方々の尽力と協力によって成し遂げられた警固公園。市民に愛される場所として末永く利用されることを心から願っている。

最後に余談だが、読者の皆様だけに、警固公園の隠された秘密をお話しして本章を終えたい。実は誰のアイデアであったかは忘れてしまったのだが、公園内にはハートとクローバーの印が入った舗装石材がそれぞれ一つずつ設置してある。ネットや人から聞いた話だが、10代の若者の間では「ハートの石を見つけると幸せになれる」という噂が流行しているらしい（笑）。本当に幸せになれるかどうかはさておき、公園が愛されている証拠に変わりはなく、少なくとも筆者は幸せな気持ちでいっぱいである。

注釈・文献

＊1　土肥真人『江戸から東京への都市オープンスペースの変容』京都大学学位論文、1993

＊2　例えば泉山塁威氏が編集長を務めるウェブマガジン「ソトノバ（http://sotonoba.place/）」はパブリックスペースに関わる有益な事例・情報が集められ参考となる。また地方の支部ライターも存在し、写真に示す福岡エリアの事例は下野弘樹氏（Future Studio 大名＋（プラス）代表）が精力的に活動報告を行っている。

＊3　日経ＢＰ社『日経ビジネス』２０１６年1月25日発売号の特集「活力のある都市ランキング」において、福岡市は全国5位に選ばれている

＊4　石橋知也『戦後期の福岡市政における臨海部開発の計画経緯と影響に関する研究』九州大学学位論文、２０１４年9月

＊5　樋野公宏・石井儀光・渡和由・秋田典子・野原卓・雨宮護・独立行政法人建築研究所「防犯まちづくりデザインガイド～計画・設計からマネジメントまで」『建築研究資料』Ｎｏ１３４号、独立行政法人建築研究所、２０１１年5月

＊6　公益社団法人土木学会景観デザイン委員会「土木学会デザイン賞作品選集２０１４」16～21頁、２０１５

＊7　ドレイフェスや樋口によれば、人間にとって見やすい領域は俯角にして10度近傍であることからも、気軽に「ぼーっ」と広場や往来する人を眺められる状況を作り出す試みである。

＊8　エドワード・ホール著、日高敏隆・佐藤信行共訳『かくれた次元』みすず書房、１９７０

＊9　川口翔平・小見門宏・加藤孝典・五嶋このみ・廣尾智彰・山川一平・尾崎信「警固公園の再整備による人々の行動変容とそのメカニズムの分析」第12回土木学会・景観デザイン研究発表会ポスター、２０１６年12月

＊10　桑子敏雄『空間の履歴――桑子敏雄哲学エッセイ集』東信堂、２００９

第 3 章

地方都市の日常的課題に挑む、公共空間の利活用

生き残りをかけた活性化拠点としての公共空間再整備

既に述べたように本書では、道路などの「インフラ」、そして広く市民に利用されるパブリックな空間や建造物を含めて「公共空間」と呼んでいる。戦後訪れた高度経済成長期には、全国総合計画や田中角栄の日本列島改造論など、地方都市におけるインフラ整備が猛スピードで進み、人々の暮らしを支える公共空間が多くの日の目を見た。

それからもうすぐ60年が経とうとする現在、既存公共空間は更新や維持管理の課題に悩まされている。さらに少子高齢化や地方都市の人口減少など、時代の変化とともに、公共空間に求められる役割も変わり始め、単に機能を存続させる施設のリニューアルから、機能転換や地方都市の生き残りをかけた活性化拠点として再整備されるケースも多い。

本章では、様々な「公共空間の利活用と再生」のマネジメント事例を紹介しながら、その手法と留意点について考えてみたい。

2 過疎化問題と小学校の跡地利用 ——福岡県朝倉郡東峰村

1 東峰村が直面する過疎化問題

福岡県朝倉郡東峰村は福岡県中央部の東端に位置し（図3・1）、面積51・93km²、人口2313人（2015年10月末）の山間部にある自然豊かな村である。東峰村は標高500mから900mの急峻な山地に囲まれ、清流あふれる渓谷や美しい棚田の風景が広がっている（写真3・1）。また村の特色として名高い伝統工芸は、知る人ぞ知る高取焼、小石原焼に代表される焼き物である。太閤秀吉の朝鮮出兵をルーツとする由緒ある茶器、高取焼に対し、生活雑器として用と美を確立した小石原焼は見事としか言いようが無く、旧小石原村には約50の窯元が存在している（写真3・2、3・3）。2005年3月に旧小石原村と旧宝珠山村の合併によってできた東

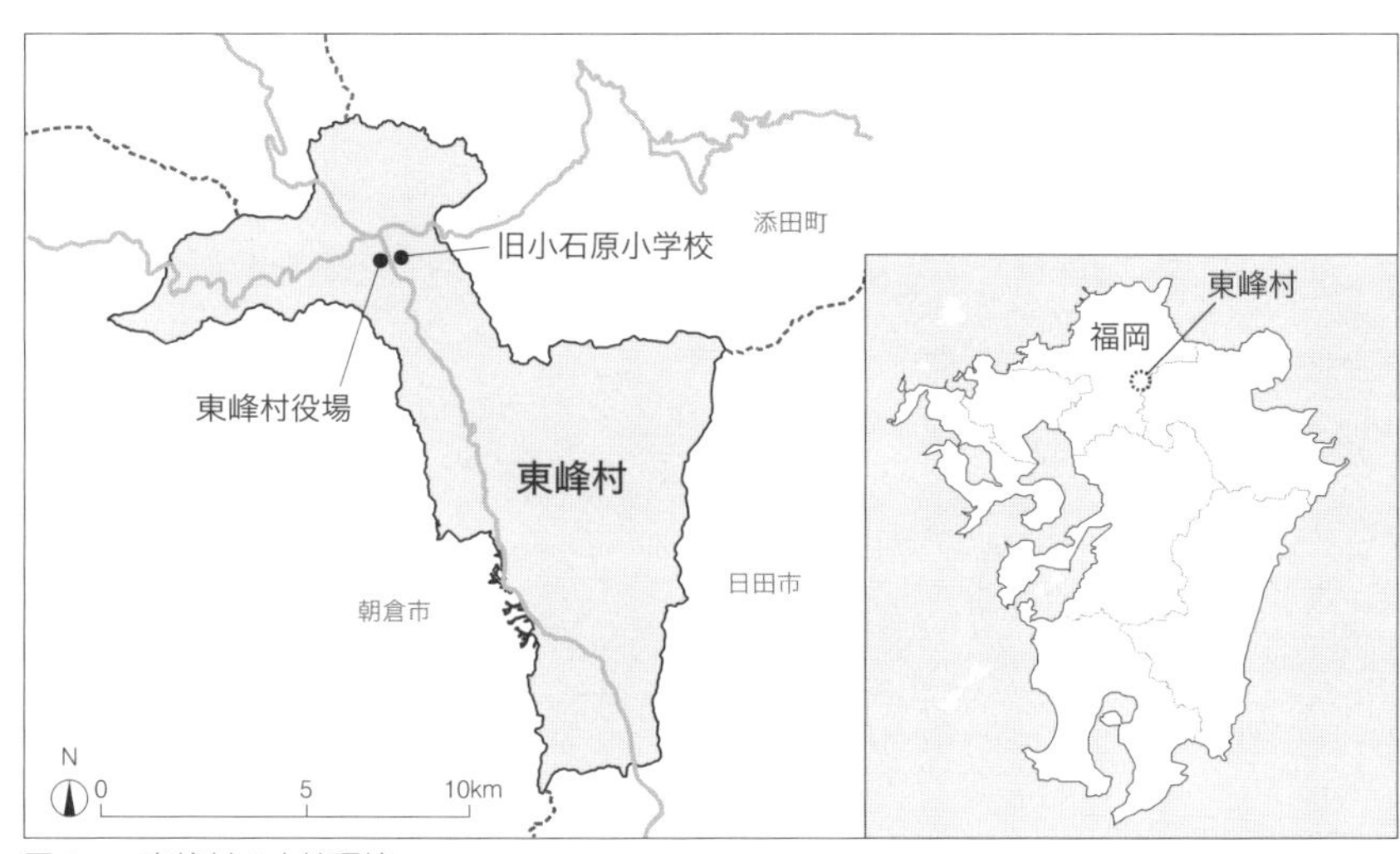

図3・1　東峰村の立地環境

峰村であるが、全国の中山間地と同じく、村民減少に悩まされており、村の活性化に向けた過疎化対策が急務となっている。そうした状況のため、村内の生徒数も減少の一途を辿り、2011年4月には、それまであった小石原小学校・宝珠山小学校・東峰中学校が小中一貫校の東峰学園1校に統廃合されている。

2 旧小石原小学校の跡地活用計画

現在、東峰村では、筑後川の洪水調節ならびに福岡都市圏を含む渇水対策を目的として、水源地域対策特別措置法の指定を受けた小石原川ダムの建設事業が着手されている。2013年に影響区域が水源地域として指定されたのを機に「水源地域整備計画」が策定され、それに伴う「水源の森整備事業」の一環として、廃校となった旧小石原小学校（写真3・4）の利活用計画が持ち上がった。

本計画づくりに伴い村では、2014年5月より東峰村水源地域活性化プロジェクト委員会（メンバーは全員村の住民）が設置され、旧小学校の利活用プランに対し、ワークショップ形式による意見の出し合いと合意形成が行われている。2014年度は7回（内ワークショップは4回）実施され、旧小学校整備後の施設の利用方針や

写真3·1　東峰村の棚田の風景（出典：東峰村公式観光情報サイト「トーホースタイル」フォトライブラリー）

写真3·2　旧小石原村の登り窯

用途などの大枠を定めた基本構想が作成された。続く２０１５年度は5回（内ワークショップは3回）の委員会が実施され、基本構想を基にゾーニングの再検討や設備の提案について議論、基本計画ならびに基本設計の最終案に至っている。これを受け計画づくり最終の２０１６年度には、実施設計の作業と併行しながら、開校後の管理・運営組織の具体的な人選や組織形態について話し合いが行われた。

3　事前の現状把握と地域課題の解決を含めたプランづくり

筆者は２０１４年度の初めから、本計画づくりの全体コーディネーターを務めた。ワークショップの進行や計画自体の枠組みを企画したうえで、観光地理学の専門家、畠中昌教氏（久留米大学准教授）ならびに前述のプロジェクト委員会メンバーとともに基本構想を固めていった。また詳細な基本設計の提案においては建屋である小学校の外構、すなわち、グラウンドを含めたランドスケープのデザインに携わった。２０１５年度の基本設計の業務からは、藤村龍至建築設計事務所（現在：ＲＦＡ）と地元福岡の設計事務所コムフォレストと協働体制を組み、作業にあたった（図３・２、写真

写真 3･4　旧小石原小学校

写真 3･3　高取焼宗家の窯元

写真 3･5　関係者協議

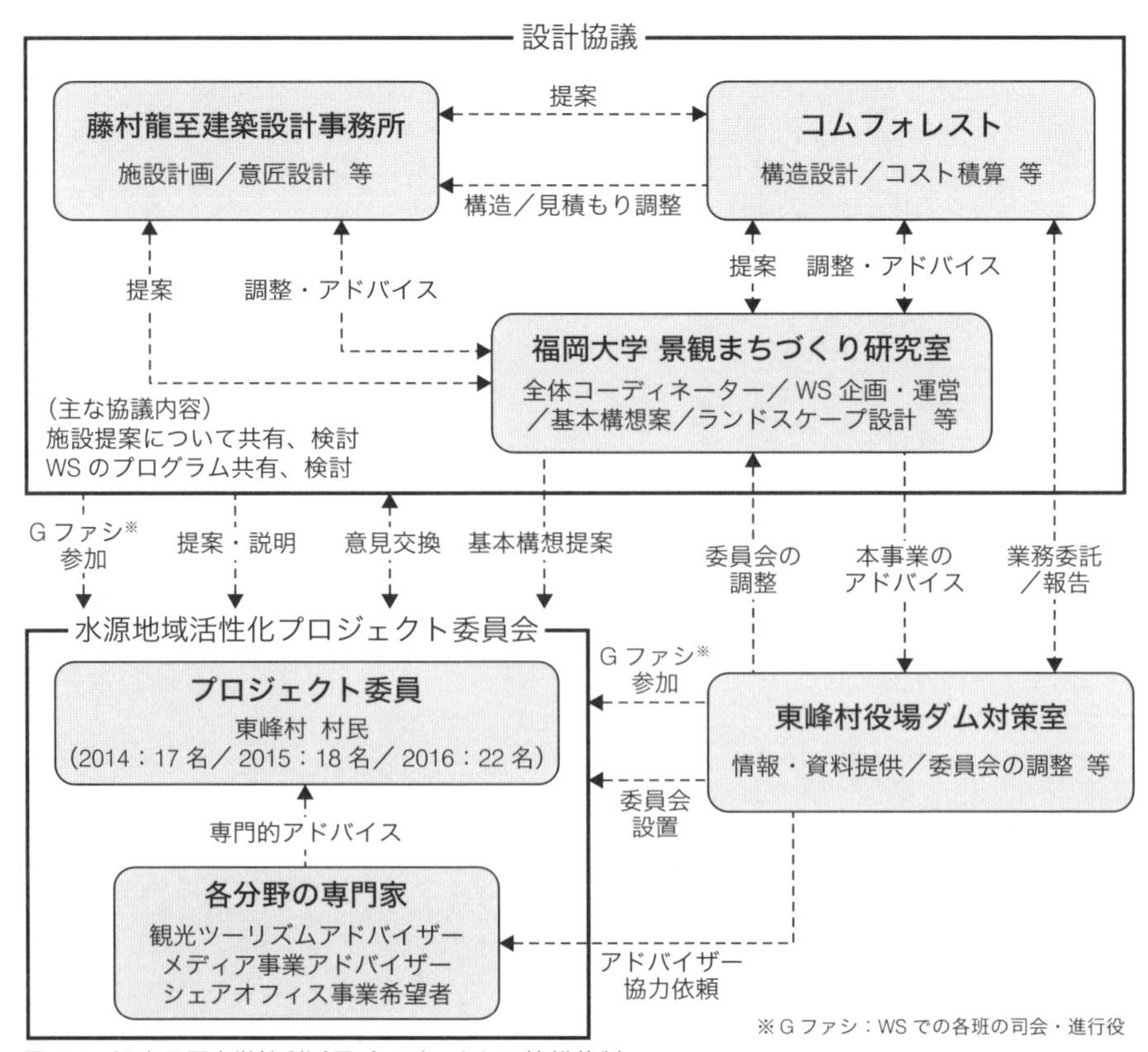

図 3･2　旧小石原小学校利活用プロジェクトの協働体制

3・5）。以下順を追って特徴的なプロセスについて述べていきたい。

まずは先述した活性化に向けた公共空間整備に求められる三つのポイント「N・H・K」を基本原則とすることをメンバー間で共有したうえで、本跡地計画が波及効果をもたらすこと、また継続的に運営していける身の丈にあった施設づくりを念頭に、基本構想案の作成がスタートした。具体的にはまず、小学校の図面ではなく、村全体が入り込んだ地図を用意し、小学校の施設をどうするかを話し合う前に、東峰村全体の現状について意見を出し合った（図3・3）。施設にこだわらず、まずは村の魅力、「売り」は何か、逆に村全体として困っていることは何かを、委員会のメンバー（村民）全体で共有するところから始めた。村全体への波及効果を目指し、既存施設との競合を回避する（同じものをつくらない）うえで重要なプロセスである。さらに委員会のメンバーとともに九州内の先行事例（うまくいっているところと微妙なところの両方）を視察し、直接話を伺った。加えてワークショップでは常に簡潔に分かりやすく、かつビジュアルに情報を整理し、委員会の場に毎回掲出、全体で共有した後、自分たちの小学校に求められる機能、場を考案していく確認の手順を心がけた（写真3・6、3・7）。

写真3･6　ワークショップでの作業風景

写真3･7　模型を使った検討

第２回プロジェクト委員会 WS　全班まとめ

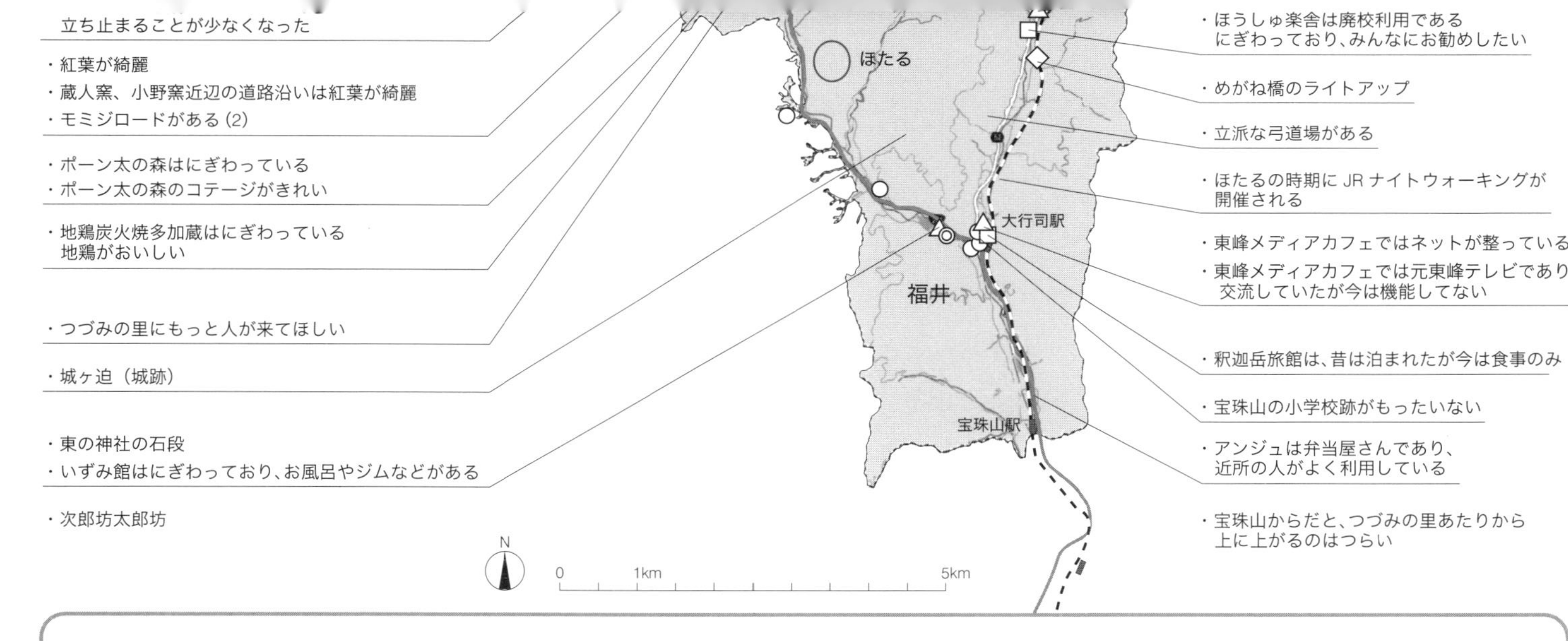

・東峰村には良いものが沢山あるのに
整備されていない
・鹿が多い (2)
・鹿が2～3年で増えてきている
・鹿が畑を荒らす

・夜は街灯が少なく暗い
・歩ける距離にみられるものが少ない
・バスツアーで来る観光客が少なくなった
・平日には人が少ない
・路線バスの本数が少ない
最終は 19 時
・宝珠山地区と小石原地区であまり交流がない

・シャクナゲがある
・シャクナゲは整備されておらず
めだたない

・台山が見える
・星がきれいに見える
・川遊び（魚釣り）ができる
・棚田の景観が良い
・米がおいしい

・国道が通っている
・JR の駅が遠い
・坂道を歩くのが大変

・雰囲気の良いお店は多いが、時間帯が限られている
・17 時以降に食事をするところが開いていない
・飲み屋が少なく、村の外まで出る
・外食は少ない

・宿泊施設をお客様にお勧めできない
・ふらっと泊まれる場所がなく、村外で泊まっている

・店がない
・日用品や安く安心できる食材を買う場所が少ない (2)
・店がいきなり閉まっている

・日当たりが良い
・日当たりが悪い

・唐臼がある
・唐臼が壊れており、整備がされていない所もある
水が汚い
・登り窯が使われていない
・焼物は一人でつくるので時間がかかる
・焼物をインターネットで売るときに
ガスで作る方が大量にできるが
形が均一になってしまう

・子育てには良い環境
・人が優しい

・東峰村には人が少なく、弟子がいない
・人が少ない、子供がいない

図 3･3　ワークショップ成果例（村全体の現状と課題に対する意見集約図。カッコ内の数字は意見者の数を示す）

誰しも少なからず、住んでいる町について知識や関心、あるいは問題意識を持っている。しかし、そこには意識化されていない関心の濃度や知識量の差があり、それをメンバー全員が他人の意見を聞くことから再認識するプロセスは極めて重要である。特に話が大きく広がりやすい構想段階においては、そうした施設を中心とした対象地域全体の現状把握のプロセスが、より説得力のあるプランを導き、合意形成を円滑化させることにもつながっていく。東峰村においては、シカやイノシシによる獣害が後を絶たず、農作物だけでなく里山の風景を壊してしまう問題意識が共有された。そのため今回のプランでは小学校の敷地内にシカなどを対象とした食肉加工施設の設置およびその運営にかかわる組織づくりを行うことで、東峰村の課題解決に役立つ施設提案がなされている。また最終プランでは宿泊施設を単に観光客向けにつくるのではなく、多くの窯元が抱える「弟子を募集したくても、滞在させられる部屋が無い」という課題に対応した中長期滞在者用の部屋も複数準備された。

その他にも前述した獣肉加工施設と連携したジビエ料理を提供するカフェ、村営で既存の焼き物体験施設が対応しにくい少人数用の体験工房や地場特産物のマーケット、シェアオフィスなどが、以前の教室を改修して設置されるプランとなった。なお運営・利用者として鍵となるジビエ料理のシェフやシェアオフィス利用者は、事前に人材を確保する営業活動が行われており、従事してもらえる内諾と設計段階での意見聴取を行っている（図3・4、3・5）

4 専門家と市民が設計プロセスを共有する

前述したように本プロジェクトでは、小学校の基本設計の段階から建築家、藤村龍至氏（東京藝術大

図 3･4　小石原小学校の利活用最終プランの全体外観パース

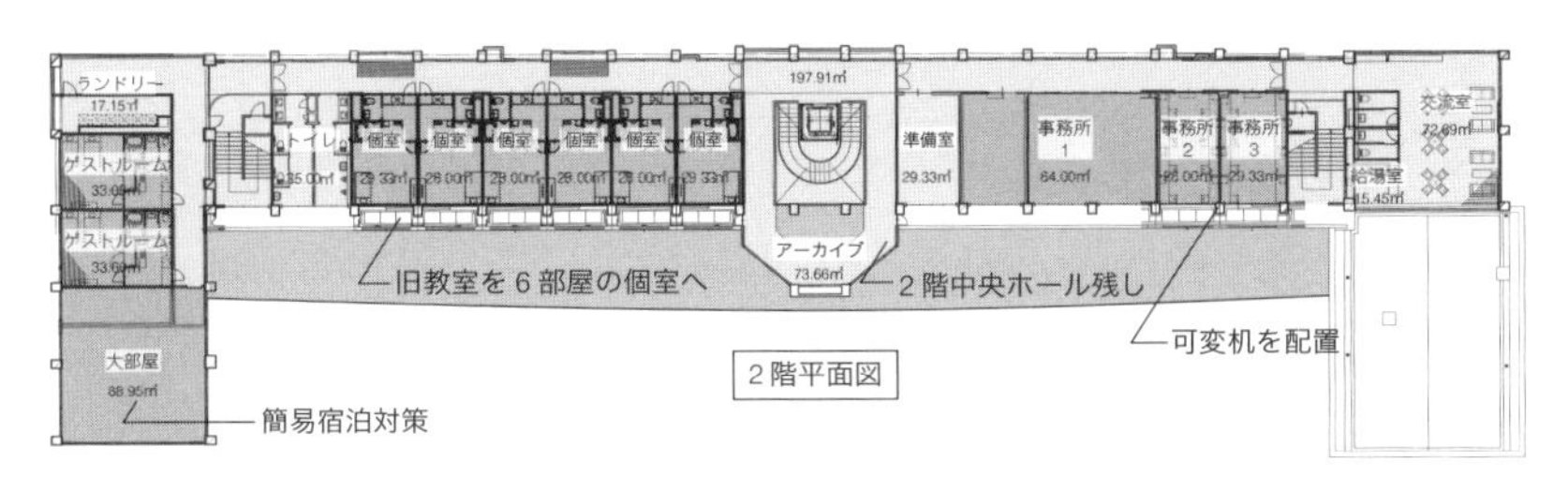

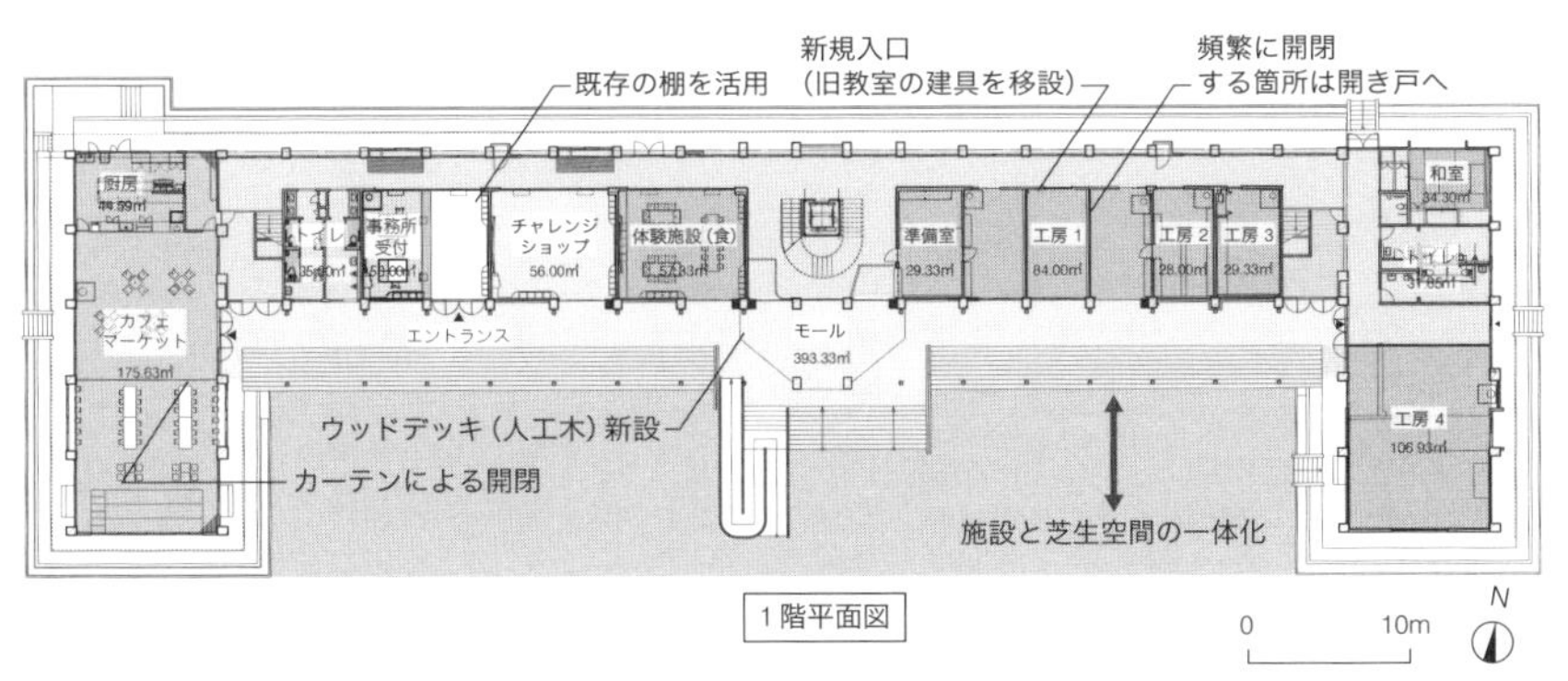

図 3･5　小石原小学校の利活用最終プラン（施設内）

学准教授）との協働が導入された。彼との協働は極めて刺激的で、申し分の無いパートナーであった。本プロジェクトの基本計画・設計では、藤村氏が提唱する参加者たちの意見の反映と設計のプロセスが明快に示され、共有しながら取り組むことができる「超線形設計プロセス論」に基づき行われた。具体的には、各委員会の意見を反映させながら段階的な変更を加え、その経緯を視認できる複数図面を提示し、設計案の修正やポイントの説明が進められた（図3・6）。彼の提唱する「超線形設計プロセス論」はいくつかの著作にまとめられており、[*1] ここでは詳しく述べないが、東峰村でのプロジェクトにおいても藤村氏はいかんなくその設計手法の有効性を披露してくれた。意見反映による変更点を明示し、段階的に説明することで委員会メンバーの理解が促された。また毎回の「投票」によって委員会の総意を得票数という形で確認するだけでなく、最多得票数以外の提案についての意見も集め、提案のどの部分が評価を受けているのかがその都度確認できた。市民協働によるまちづくりの現場に極めて有用な手法であり、設計者の思考回路を一つひとつ丁寧に伝えながら、市民の意向や関心を呼び覚ます合意形成の方法としても有効だと感じた。特に設計者が設計案を急に修正してしまい、提示もしないような、いわゆる「ジャンプ」をしないことが、協議メンバーの設計過程に対する信頼を獲得し、デザイナーとクライアントとの距離を一気に近づける場面もあった。

一方で、委員会あるいはワークショップという限られた時間のなかで、参加するメンバーなど、説明を受ける側の理解度によっては、線形につながる案の出し方に配慮が必要であるとも感じた。つまり、せっかく比較検討できる複数案が提示されても、そのうちの設計者が考える最善案のみが終始議論されてしまう可能性への指摘である。一度に複数案が提示され、駆け足に説明が行われると、参加者は「提案がどんどんひとり歩きしている」印象を持ちかねない。前述した効果が示すように超線形設計プロセスは極めて市民に真摯な設計手法であるが故に、設計者の丁寧さと労力を惜しまない覚悟が必要といえる。

5 自主的な活動運営者を戦略的に育成する

まちづくりワークショップにおいて、参加者の当事者意識を促すことは基本原則といえる。ワークショップの参加者が、施設の供用開始後に主体的に利用してくれる、あるいは維持管理の当事者として活動してくれる人材を育てるプロセスは極めて重要である（ワークショップの主体性形成に潜む課題については第6章で詳しく述べたい）。東峰村の廃校活用プロジェクトでも、施設に入れ込む機能について意見を求める際、「あなたならどう使いますか」もしくは「何があればあなたは使いますか」という参加者自身に問いかける意見聴取が行われた。しかし、それでも施設の利用や維持管理に対する意識に温度差が出ることは仕方のない話である。これに対し筆者らはそれまでの議論の過程から、ワークショップ参加者を施設の完成後に①主体的に企画から携わってくれそうな未来の運営者候補、②主体的に利用するハードユーザー候補、③主体的な利用はなくとも間接的に協力してくれそうなキーパーソン、④比較的無関心な人、といったグループ分けして話し合いを進め、互いのグループの意見、アイデアの内容を共有するプログラムを遂行した。ここでも「その企画、あなたはいくらだったら参加する？」といった施設利用料と儲けがどのくらい出るかといった具体的な話し合いを、周辺の施設事例資料をもとに行っている。計画段階において運営費用などについては無論不確定な部分も多い。しかしながら、できる限り現実的な運営イメージを抱きつつ、早期に施設ビジョンを共有することは、浮き世離れした活性化施

	A案	B案	B2案	C案
提示	第２回委員会	第２回委員会	第２回委員会	第２回委員会
プラン方針	基本構想案踏襲＋新築棟あり	新築棟なし	新築棟なし＋ゾーニング改良	新築棟なし＋ゾーニング改良＋増築
形状の変化	シェアオフィス シェアオフィス 事務所 マーケット 体験施設 カフェ	シェアオフィス 宿泊施設 事務所 マーケット 体験施設 カフェ	体験施設 宿泊施設 カフェ シェアオフィス マーケット ウッドデッキ 事務所	体験施設 宿泊施設 カフェ シェアオフィス マーケット ウッドデッキ 事務所
提案・変更点	・基本構想のゾーニングを踏襲 ・各部屋に管理者が待機できるスペースを確保 ・宿泊棟を新築	・宿泊棟の新築を行わないプラン ・宿泊施設として校舎内に配置	・シェアオフィス位置を基点にゾーニングを変更 ・マーケット等イベントに利用可能なホールを提案 ・１階は廊下を設けず空間に連続性を持たせる ・ウッドデッキを施設前面に配置 ・玄関、吹き抜け等の既存構造を改良	・中央部に増築を提案 ・増築部分にファブスペースを移動 ・カフェとファブスペースの空間を一体化する

	C2案	D案	E案
提示	第３回委員会	第３回委員会	第３回委員会
プラン方針	C案修正＋ゾーニング改良＋増築	第２回WS意見+ゾーニング改良+増築	第２回WS意見+ゾーニング改良+増築
形状の変化	多目的室 宿泊施設 カフェ 体験施設 シェアオフィス マーケット ウッドデッキ 体験施設 事務所	ライブラリ 宿泊施設 多目的室 宿泊施設 事務所 カフェ シェアオフィス マーケット ウッドデッキ 体験施設 ウッドデッキ 体験施設	多目的室 宿泊施設 宿泊施設 事務所 カフェ シェアオフィス マーケット ウッドデッキ 体験施設 デッキ 体験施設
提案・変更点	・体験施設位置を基点にゾーニングを変更 ・体験施設の部屋を「食」と「ものづくり」に分割 ・エレベーターを設置 ・２階にライブラリ、多目的室を追加 ・中央階段位置を移動	・事務所位置を基点にゾーニングを変更 ・ウッドデッキの面積を拡張 ・増築部を中央に変更 ・アーカイブを追加	・多目的室とライブラリを統合 ・半屋外を追加 ・東側のウッドデッキをゴムチップに変更

	F案	G案	H案	I案
提示	第4回委員会	第4回委員会	第4回委員会	第4回委員会
プラン方針	第3回委員会の意見統合＋基本構想案の再確認	第3回WS意見統合＋ゾーニング改良＋基本構想案の再確認	第3回WS意見統合＋ゾーニング改良＋モール＋基本構想案の再確認	第3回WS意見統合＋ゾーニング改良＋モール＋基本構想案の再確認
形状の変化	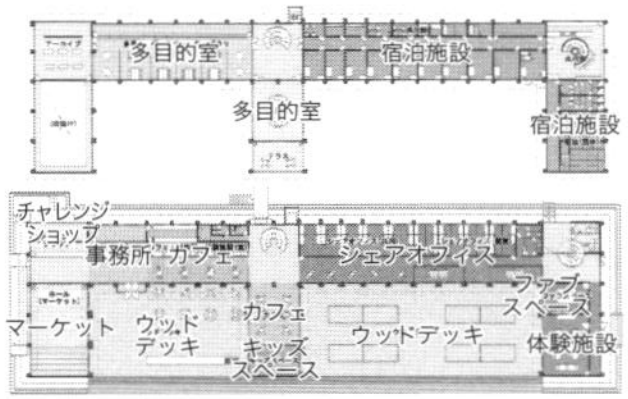 多目的室 宿泊施設 多目的室 宿泊施設 チャレンジショップ 事務所 カフェ シェアオフィス ファブスペース マーケット ウッドデッキ カフェ キッズスペース ウッドデッキ 体験施設	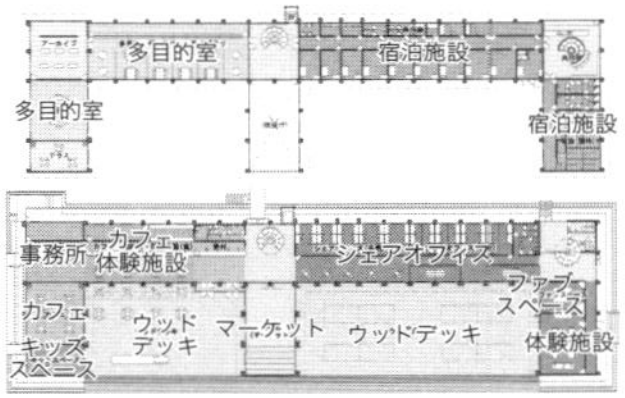 多目的室 宿泊施設 多目的室 宿泊施設 事務所 カフェ 体験施設 シェアオフィス ファブスペース カフェ キッズスペース ウッドデッキ マーケット ウッドデッキ 体験施設	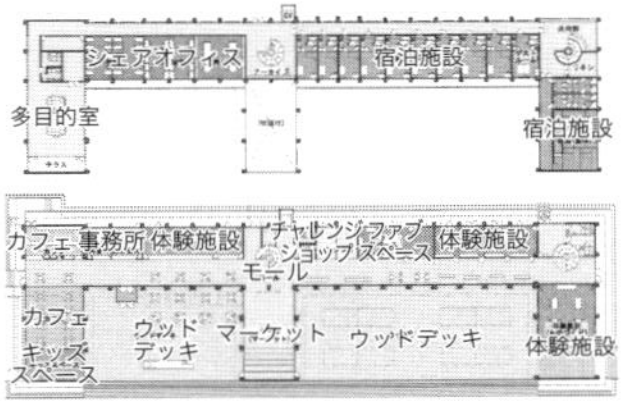 シェアオフィス 宿泊施設 多目的室 宿泊施設 カフェ 事務所 体験施設 チャレンジショップ ファブスペース 体験施設 モール カフェ キッズスペース ウッドデッキ マーケット ウッドデッキ 体験施設	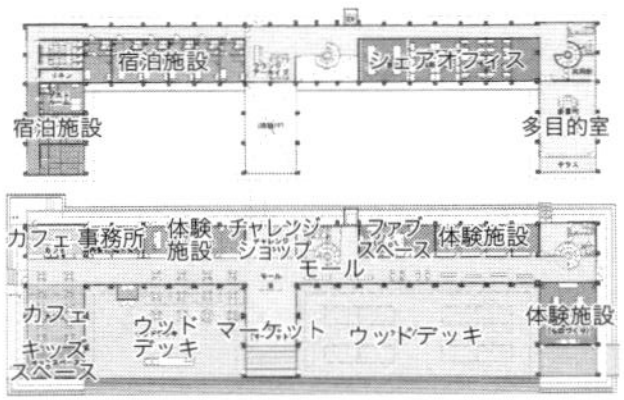 宿泊施設 シェアオフィス 宿泊施設 多目的室 カフェ 事務所 体験施設 チャレンジショップ ファブスペース 体験施設 モール カフェ キッズスペース ウッドデッキ マーケット ウッドデッキ 体験施設
提案・変更点	・事務所・案内所位置を入口正面に変更 ・カフェにキッズスペースを併設 ・外部キッチン（ピザ窯）を設ける ・チャレンジショップを追加 ・外部から使えるトイレを設置 ・半屋外を規模縮小し、テラスに変更	・入口の位置を変更 ・2階増築部分を吹き抜けにする ・ゾーニング変更 ・エントランス位置を変更	・モールを提案 ・シェアオフィス、宿泊を2階に設置 ・ゲストルームを追加 ・宿泊部屋にユニットバスを設置	・宿泊施設の部屋数を減らし、ゾーニング改良 ・2階中央にラウンジ・アーカイブを設置 ・宿泊部屋にユニットバスを配備

	J案	K案	L案
提示	第5回委員会	第5回委員会	第5回委員会
プラン方針	I案修正＋法令・条件	J案修正＋減額方針	最終案
形状の変化	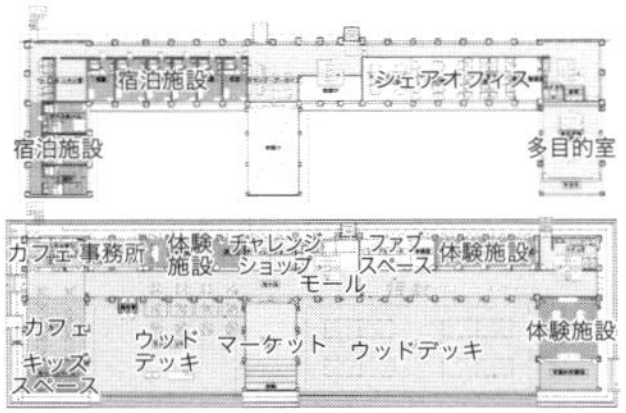 宿泊施設 シェアオフィス 宿泊施設 多目的室 カフェ 事務所 体験施設 チャレンジショップ ファブスペース 体験施設 モール カフェ キッズスペース ウッドデッキ マーケット ウッドデッキ 体験施設	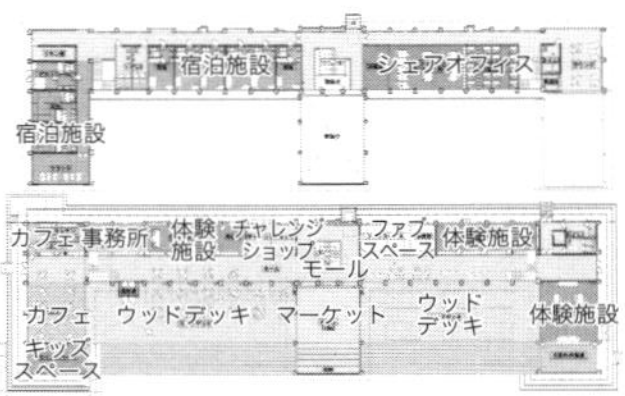 宿泊施設 シェアオフィス 宿泊施設 カフェ 事務所 体験施設 チャレンジショップ ファブスペース 体験施設 モール カフェ ウッドデッキ マーケット ウッドデッキ 体験施設 キッズスペース	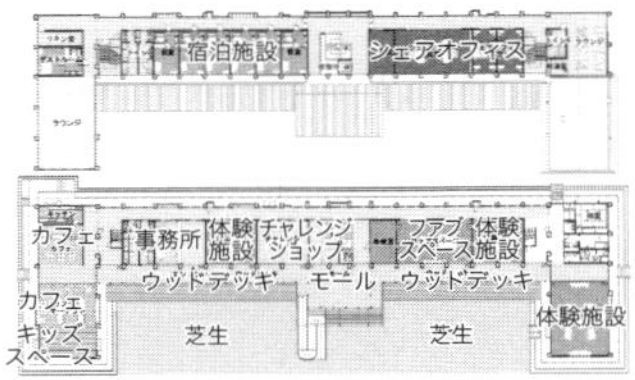 宿泊施設 シェアオフィス カフェ 事務所 体験施設 チャレンジショップ ファブスペース 体験施設 ウッドデッキ モール ウッドデッキ カフェ キッズスペース 芝生 芝生 体験施設
提案・変更点	・法令より階段形状、位置を変更 ・外階段新設 ・カフェに客用のトイレを設置	・2階東側の増築見直し ・ウッドデッキ規模の縮小 ・既存階段穴を利用し、階段新設	・増築の見直し ・既存間仕切りを活用 ・ウッドデッキ規模縮小、モールと機能集約 ・カフェとマーケット集約

図3·6　超線形設計プロセス論に基づく設計案の提示。各委員会ごとに少しずつ修正の加えられた案が複数提示され、それらに対する意見を統合した案に対して、さらに次の委員会で改善案が複数提示されるプロセスを経ながら最終案への合意が導かれた

モデル案③：運営主体がLLCを組織し、民間自立型として推進【A案】

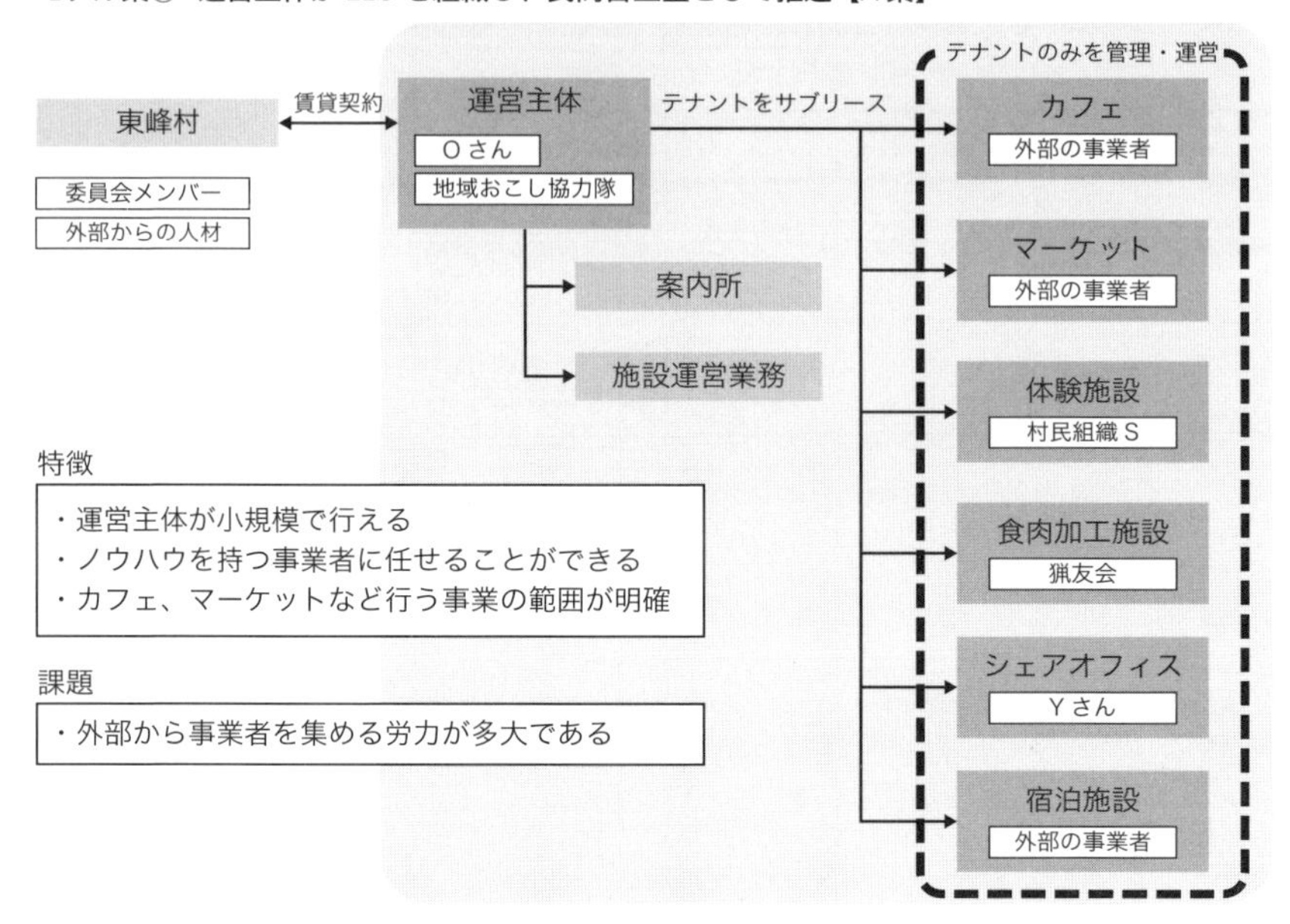

1日のスケジュールとそれぞれの役割（案③）

平日：カフェは事業者と協力しながら東峰村らしさを演出する

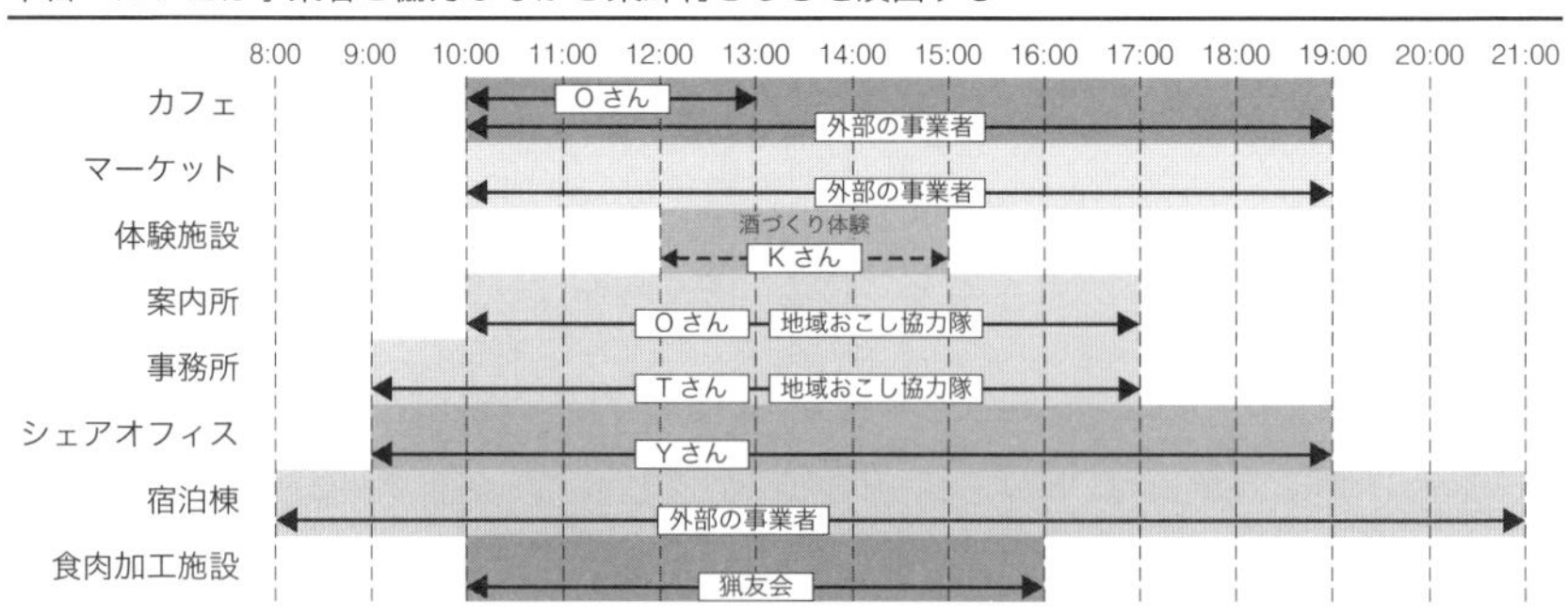

休日：土・日曜のどちらかに必ずイベントを実施する

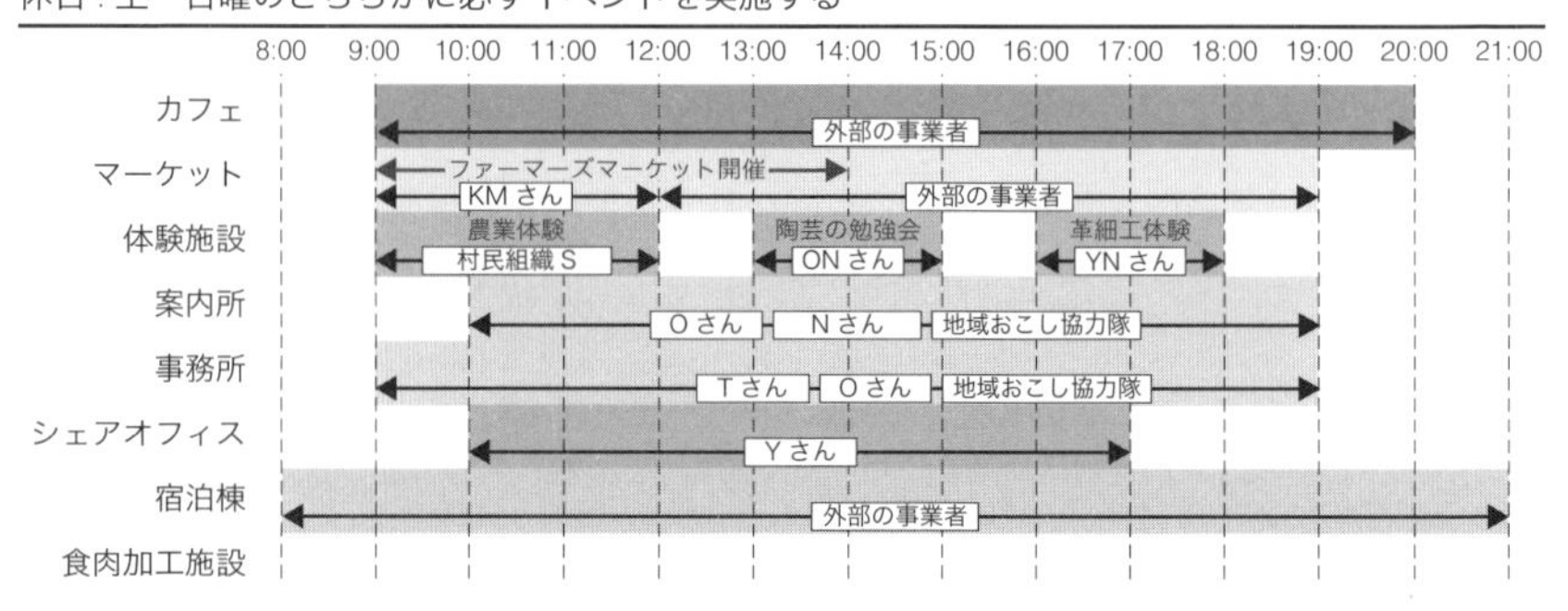

図3·7　運営イメージに関するワークショップの成果例。基本的な運営形態を複数提示し、最良案に対して参加者自身が担えそうな役割と時間帯を書き込みながら話し合いを進める形式がとられた

設整備を回避するうえでも重要といえる（図３・７）。

ご存じのように、東峰村は２０１７年７月11～14日に九州北部を襲った豪雨によって、甚大な被害を受けてしまった。本プロジェクトは実施設計まで終え、工事着工に向けた手続きを進めていたところであった。今後の予定については不確定な部分が多いが、一日も早い村の復興を心から祈るとともに、本プロジェクトの進展について見守っていきたい。

大手百貨店撤退後の市街地再生——大分県佐伯市

1　行政不信と計画白紙撤回からの拠点づくり——大手前地区開発プロジェクト

一方、公共空間の整備に対し、前述したような前向きな議論からスタートできる地方都市ばかりではない。往々にして無批判に良いイメージの言葉として用いられる「市民との協働」が、時にマイナスからスタートするプロジェクトもある。次に紹介する大分県佐伯市の大手前地区開発は、住民の署名活動によって一度白紙撤回を余儀なくされた事業である。

人口７万６２４０人（２０１４年10月末現在）の佐伯市は、九州地方最大面積（９０３・40km²）の自治体である（図３・８）。同市は明治の文豪、国木田独歩が若き日々を過ごしたことで知られ、「歴史的環

写真 3·9　昔の大手前商店街（1984 年当時）（提供：佐伯市企画商工観光部まちづくり推進課）

写真 3·8　かつて大手前地区にあった壽屋（1988 年）（提供：佐伯市企画商工観光部まちづくり推進課）

図 3·8　大分県佐伯市

境保存区」に指定された「歴史と文学のみち」が名所となっている。その東に位置する大手前地区は、かつて壽屋（ことぶきや）（九州最大手のスーパーマーケットチェーン）の発祥の地として（写真3・8）、市内で最もにぎわう拠点エリアであった（写真3・9）。また同地区からは緑豊かな城山が眺められ、周囲には仲町商店街、新屋敷商店街、そしてまた古くからある船頭町に隣接した、いわゆる中心市街地の要であった。しかし、1998年、2006年に相次いで、郊外型ショッピングモールが進出し、さらに経営の悪化した壽屋が2002年に閉店する。そのためそれまであった大手前地区への人の流れは無くなり、その後は空き地のまま、臨時の駐車場と化していた（写真3・10）。

これに対して市は2005年に都市開発公社を設立し、同地区の活性化計画を見越しながら、壽屋跡地を取得、2010年3月には大手前開発基本構想を策定し、同年3月に大手前地区（事業用地1・5ha（内、0・7haが市の所有地））を含めた中心市街地活性化計画の認定を受けている。さらに同年4月には市役所建設部に「大手前開発推進室」が設置され、地権者を中心とした「大手前地区開発準備組合」も設立、同地区の振興を目指す拠点施設の計画が開始される。旧計画は土地区画整備事業、市街地再開発事業、公園事業の

写真3・10　空き地となった大手前地区（提供：佐伯市企画商工観光部まちづくり推進課）

3事業で構成され、都市計画法に基づく事業としての実施が予定されていた。市は準備組合との話し合いの末、旧計画案を作成、２０１１年には計画決定を行うための手続きとして説明会、公聴会、都市計画審議会まで開かれ、同年9月には都市計画の決定告示まで行われている。

その後準備組合は、選定条件として「施設管理を行える技術があり、尚且つ部屋の売れ残りが生じた際にはマンションデベロッパーが残地を買い上げ、地権者の負担を軽減させること」を提示し、マンションデベロッパーとの契約を検討していた。しかし、候補として挙がっていたマンションデベロッパーより「上記条件を満たす戸数は44戸以上であり、それを下回る場合は契約ができかねる」との返答を受ける。そのため、準備組合は入居可能数の増加を目的として、当初の施設案を4階建てから13階建てへと居住スペースの大幅変更を行うことになった(図3・9)。すなわち結果的に、旧計画では基本設計に移行する段階で、地権者以外の市民に十分な説明が無いまま、施設規模が当初の4階から13階に変更され、開発が進められる事態となってしまった。これを受け、２０１２年5月には都市計画変更に伴う説明会、同年6月には公聴会も開催されているが、いずれも反対意見が大半を占め、市民の反発が相次ぐことになる。また２０１０年度より発足した「佐伯市の現状を憂う市民の会」が２０１２年5月に住民投票条例制定に向けた署名を募り、1万２０００名以上の署名が集まった。条例制定に向けた気運が高まるなか、佐伯市市長は２０１２年8月1日に旧計画の白紙撤回を表明した。

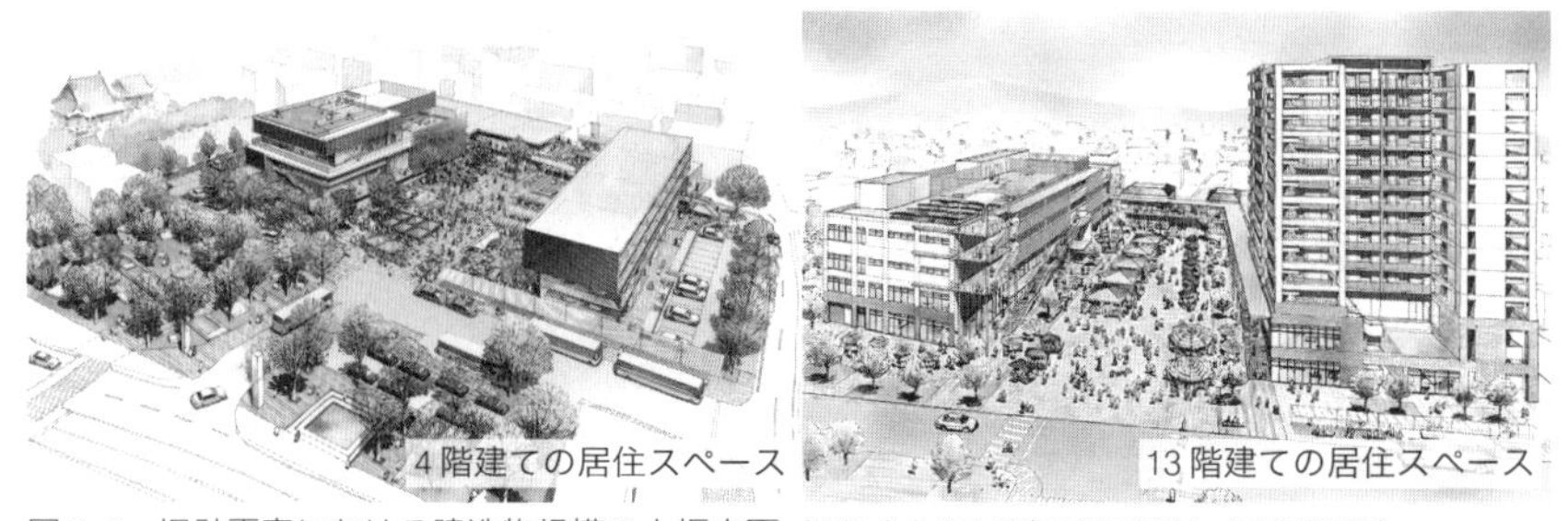

図3·9　旧計画案における建造物規模の大幅変更（提供:佐伯市企画商工観光部まちづくり推進課）

2 ─ 市民参加で再起をかけた基本計画策定

こうした経緯を踏まえ、市は大手前地区開発事業の再起をかけた、徹底した市民参加プログラムを目指すことになる。筆者はこのプログラムの考案と全体コーディネーターを務めることになったのだが、これが本当に大変だった（苦笑）。まず初めに苦労したのは基本計画策定に向けた市民会議の設立と運営であった。事業の再起と言っても、会議に参加する市民の間には「本当に実現できるのか」「また撤回するのでは」といった、市長や市役所担当職員に対する疑念や不信を、まずはいかに払拭できるかにかかっていた。そのため当初は30名程を予定していた市民会議の参加者数を、応募のあった76名全員とし、市の市民参加に対する姿勢を表明することとした（写真3・11）。無論このことでグループごとに話し合う際のファシリテーターの確保と当日の円滑な作業が課題として立ちはだかる。ここでは市役所の各課を超えて若手職員にお願いし、ロールプレイをはじめとする本番さながらの予行演習を行うなど、市民会議前にファシリテーターだけを対象とした打ち合わせをほぼ毎回行って対応した（写真3・12）（細かな合意形成手法や中身につい

写真3・12　ファシリテーター会議

写真3・11　市民会議

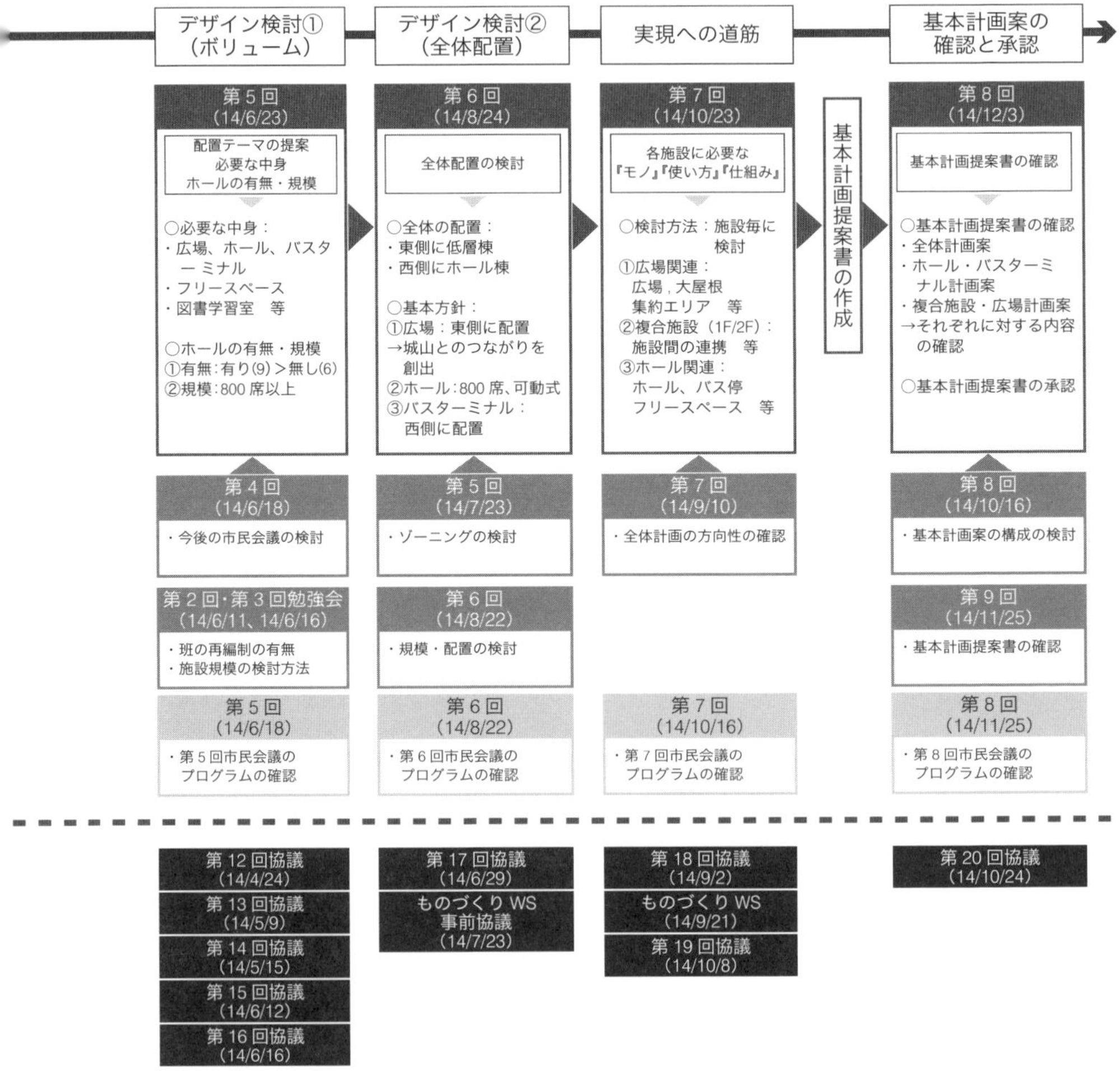

デザイン検討①（ボリューム） → デザイン検討②（全体配置） → 実現への道筋 → 基本計画案の確認と承認

第5回（14/6/23）

配置テーマの提案
必要な中身
ホールの有無・規模

○必要な中身：
・広場、ホール、バスターミナル
・フリースペース
・図書学習室　等

○ホールの有無・規模
①有無：有り(9)＞無し(6)
②規模：800席以上

第6回（14/8/24）

全体配置の検討

○全体の配置：
・東側に低層棟
・西側にホール棟

○基本方針：
①広場：東側に配置
→城山とのつながりを創出
②ホール：800席、可動式
③バスターミナル：西側に配置

第7回（14/10/23）

各施設に必要な『モノ』『使い方』『仕組み』

○検討方法：施設毎に検討
①広場関連：
広場，大屋根
集約エリア　等
②複合施設（1F/2F）：
施設間の連携　等
③ホール関連：
ホール、バス停
フリースペース　等

基本計画提案書の作成

第8回（14/12/3）

基本計画提案書の確認

○基本計画提案書の確認
・全体計画案
・ホール・バスターミナル計画案
・複合施設・広場計画案
→それぞれに対する内容の確認

○基本計画提案書の承認

第4回（14/6/18）
・今後の市民会議の検討

第5回（14/7/23）
・ゾーニングの検討

第7回（14/9/10）
・全体計画の方向性の確認

第8回（14/10/16）
・基本計画案の構成の検討

第2回・第3回勉強会（14/6/11、14/6/16）
・班の再編制の有無
・施設規模の検討方法

第6回（14/8/22）
・規模・配置の検討

第9回（14/11/25）
・基本計画提案書の確認

第5回（14/6/18）
・第5回市民会議のプログラムの確認

第6回（14/8/22）
・第6回市民会議のプログラムの確認

第7回（14/10/16）
・第7回市民会議のプログラムの確認

第8回（14/11/25）
・第8回市民会議のプログラムの確認

第12回協議（14/4/24）
第13回協議（14/5/9）
第14回協議（14/5/15）
第15回協議（14/6/12）
第16回協議（14/6/16）

第17回協議（14/6/29）
ものづくりWS事前協議（14/7/23）

第18回協議（14/9/2）
ものづくりWS（14/9/21）
第19回協議（14/10/8）

第20回協議（14/10/24）

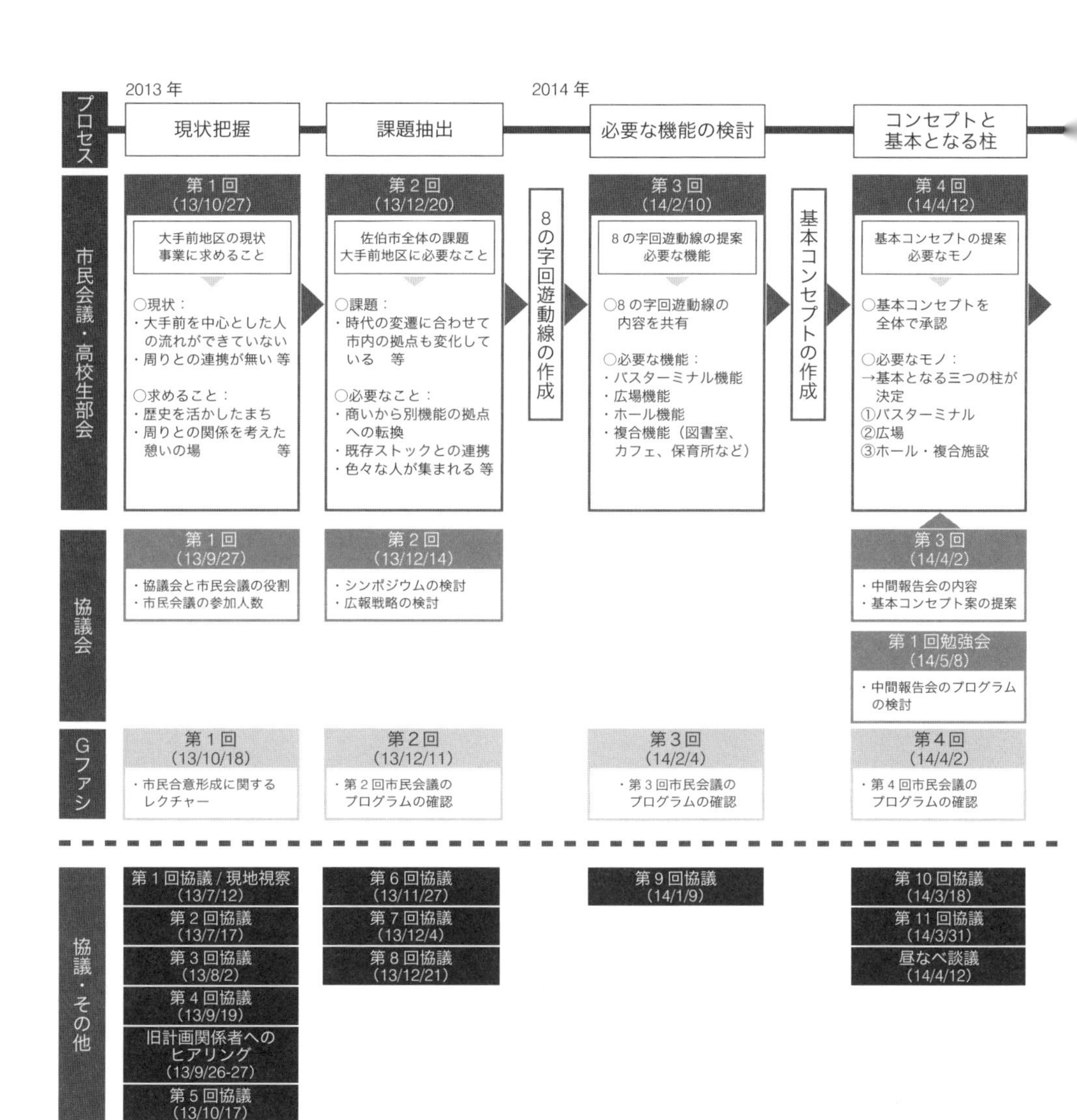

図 3･10　市民会議など、大手前基本計画構想案の策定プロセス

ては第6章にて詳述する)。こうした協力体制をもとに、市民会議は1年弱の間に計8回開催されている。これら市民会議の成果は基本計画策定に向けた構想案としてとりまとめられ、最終的には市長に提出されている(図3・10)。

市民会議を通じた基本計画の関係組織を図3・11に示す。事務局を務める佐伯市役所まちづくり推進課(以下:事務局)と土木系建設コンサルタントのオオバ[*2]、そして筆者の所属する福岡大学景観まちづくり研究室(以下:大学)の3者がプログラムを主体的に立案し、また筆者の要望で、景観まちづくりや市街地再生を専門とする姫野由香氏(大分大学助教)、建築家でまちなか再生の実績を持つ西村浩氏(ワークビジョンズ代表)、プロダクトデザイ

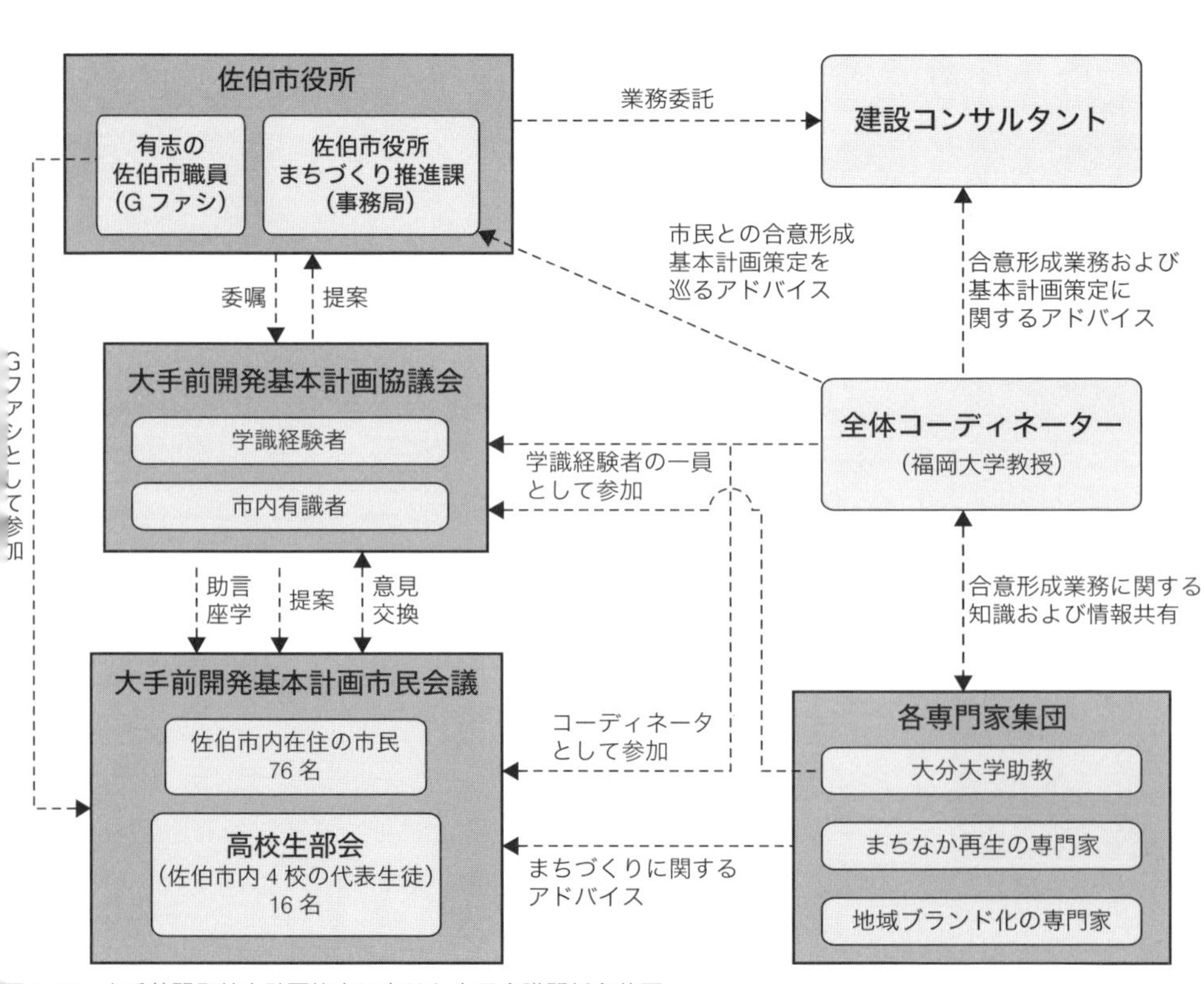

図3･11 大手前開発基本計画策定に向けた市民会議関係主体図

ナーで地域のブランドづくりにも精通する南雲勝志氏（ナグモデザイン代表）に参画してもらった。また市民会議と同時並行で、より若者の意見を聞く「高校生部会」が組織され、市民会議を含めて全体的な助言、確認を目的とした、地元名士を構成員とする「大手前開発基本計画協議会（以下：協議会）」も設置されている。

3　まちをつなぐ8の字回遊動線の提案とものづくりワークショップの効用

ここでは検討プロセスのなかでの特徴的な場面を紹介したい。

２０１４年２月に行われた第３回市民会議では「大手前とその周辺のアイデアを出し合い必要な機能を考える」というテーマを議論した。この際、西村氏から、これまでの意見を踏まえた「８の字回遊動線」が示されている（図３・12）。すなわち、大手前地区に新設される拠点施設の来訪者が、前述した歴史と文学の道、商店街、船頭町を周遊する状況をつくり出すことこそ、町全体の活性化につながることを提案している。これにともない具体的な施設の機能を記す提案図を用いて、大手前地区で「どのような活動がしたいか」「大手前地区周辺を回遊するために求められる具体的な機能は何か」について議論していった。

写真 3･13　昼なべ談義での意見交換

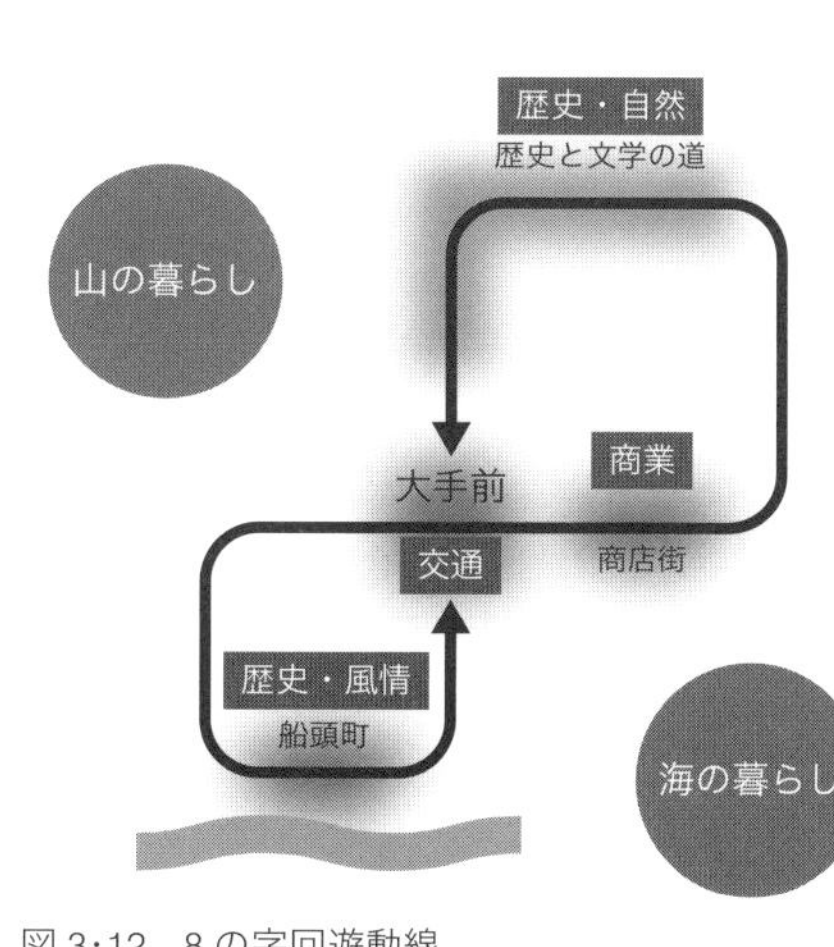

図 3･12　8 の字回遊動線

さらに２０１４年４月には、佐伯市や大手前地区の将来を現地で語り合うことを目的とした「昼なべ談議」を開催し、「鍋を囲みながら堅苦しくなく」をモットーに、計画案に対する率直な意見を交換する場がつくられた（写真３・13）。続く９月には「ものづくりからまちづくりを考える」と題し、高校生部会が主体となった「ものづくりワークショップ」を同じく現地にて開催した（写真３・14）。南雲氏のデザインにより、佐伯でとれる杉材を使った屋台の制作が行われ、地元工務店の無償協力など、多くの市民の協力を得ながら、およそ半日でオリジナル屋台８台を完成させた（写真３・15）。トンカチなどほとんど握ったことの無い高校生でもしっかり作業ができるよう、部材の多くは先述した工務店で事前にカットして頂き、部材を順序良く組み立てることで完成させられるプログラム上の工夫も取り入れられた。デザイン性は勿論、南雲氏の知識と経験知の豊かさには脱帽であったが、なにより、普段閑散としている大手前地区に人の集まりや笑い声が戻ってくるイメージを市民会議の参加者や周辺住民に体感してもらえたことが、その後の合意形成時の雰囲気に良い影響をおよぼしたように感じる。ものづくりワークショップで制作された屋台は佐伯市内の様々な行事に活用され、少なからずまちのにぎわいに寄与するなど、大手前地区に新たにで

写真 3･15　佐伯の杉材でつくったオリジナル屋台完成後の記念撮影

写真 3･14　高校生部会が主体のものづくりワークショップ

きる多目的施設の完成後も活用される予定となっている。

また前述した高校生が検討プロセスに参画した効果は他にもある。高校生ならではの突飛かつミーハーな要望も一部見受けられる場面もあったが、利害が気になる大人と違って、純粋な高校生の意見が市民会議全体を活性化させた瞬間は多々あった。収穫だったのは、高校生が、時に周囲の大人よりも現実的かつ的を射た意見を述べ、周囲の大人が感心するとともに「大人もしっかり頑張ろう」という雰囲気をつくり出したことである。また一度白紙になった事業であるがゆえに、老若男女、多世代の声を聴く姿勢を広く打ち出すことにもつながり、将来的には地元で暮らしたいと願う高校生の「生の声」をきっかけに、未来の佐伯市を真剣に考える雰囲気が醸成されたといえる。

4 — 日常使いを中心にした活用方法と施設規模の検討

大手前地区の基本コンセプトは「(Ⅰ) いつでも気楽に集まれる憩いの場所」「(Ⅱ) 多様な世代が集まれる場所」「(Ⅲ) 佐伯ブランドの発信拠点」「(Ⅳ) 暮らしを支える場所」「(Ⅴ) まちのストックを生かす場所」とされ(図3・13)、「文化ホール」「広場」「バスターミナル」が求められる必要なモノの3本柱とされた。2014年6月に行われた第5回市民会議では「大手前開発計画の中身と施設規模を考える」をテーマに、大手前に必要な施設の規模や活用方法について議論している(写真3・16、3・17、3・18)。グループ作業では、施設に対する市民の日常的な使われ方を時間帯ごとに把握し、施設の稼働率向上について参加者全員で話し合った。さらに大手前地区のボリューム模型(縮尺:500分の1)を用いて、「広場」「バスターミナル」「ホール」の規模や配置案に関する検討も行っている。

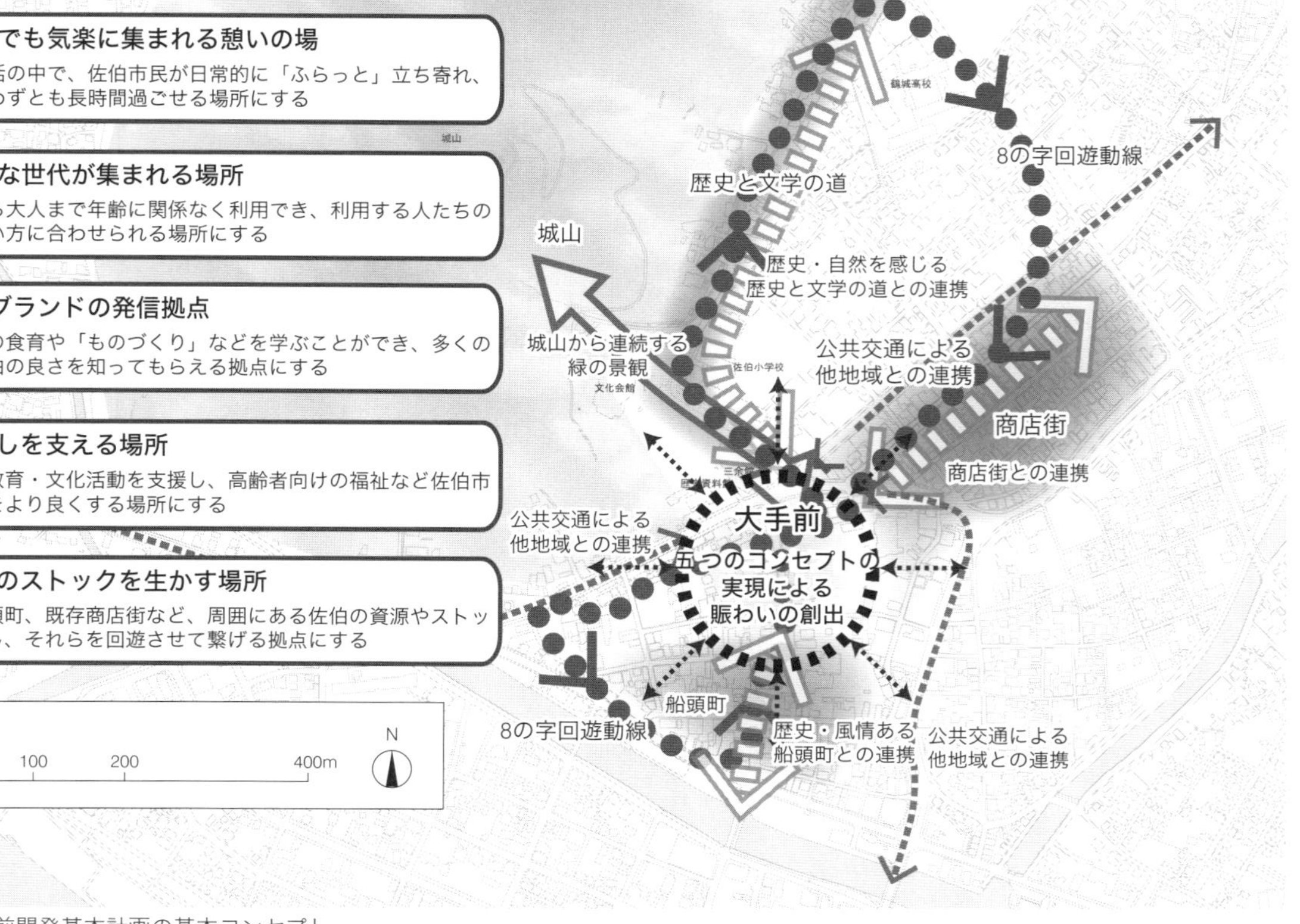

図 3·13　大手前開発基本計画の基本コンセプト

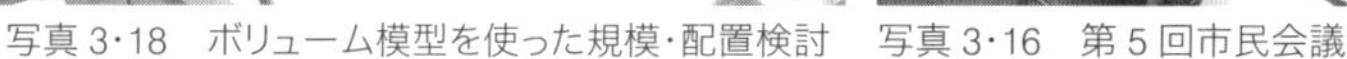

写真3·18　ボリューム模型を使った規模·配置検討　写真3·16　第5回市民会議

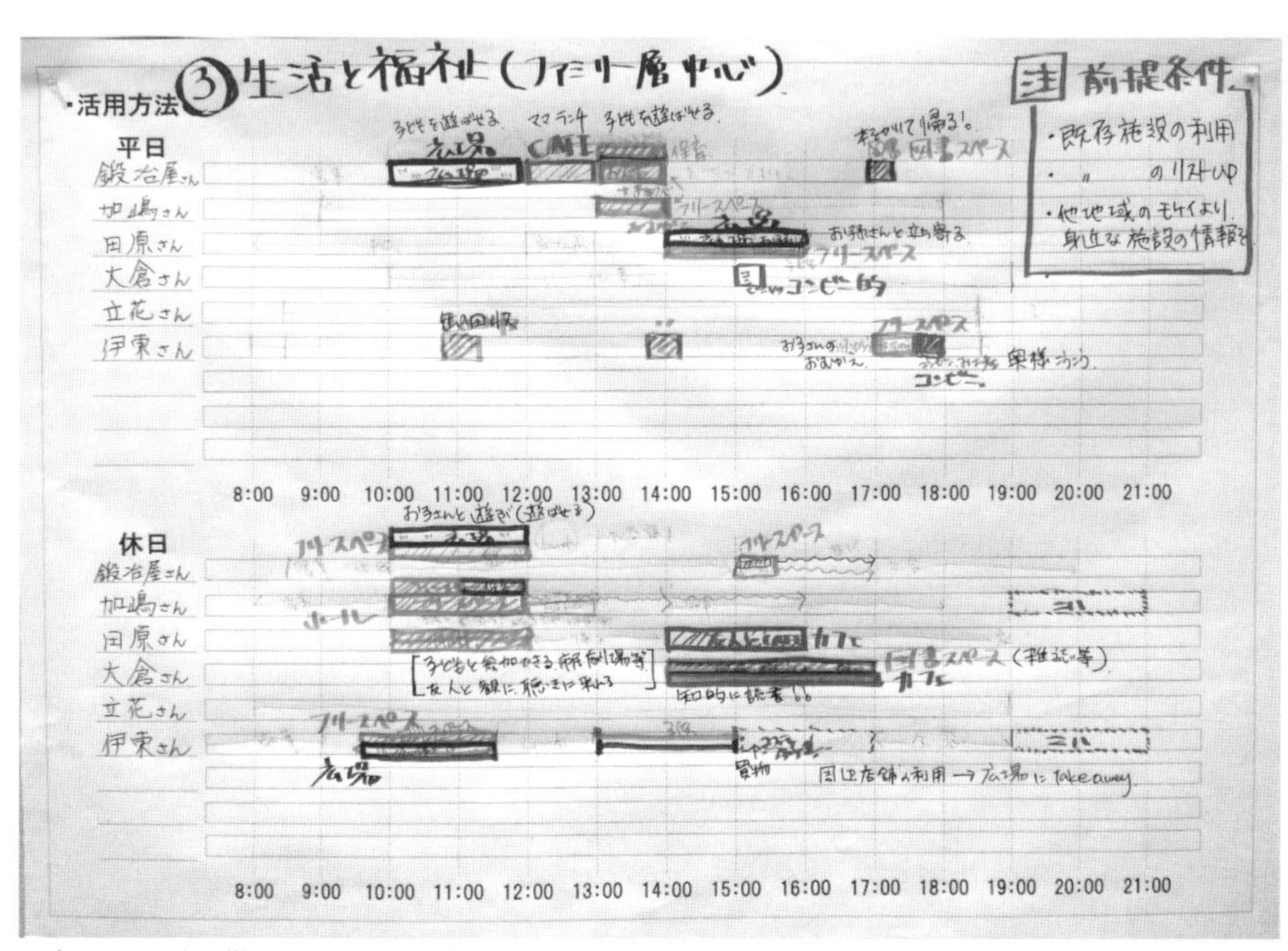

写真3·17　時間帯ごとに把握した市民の利用形態

佐伯のケースに限らず、地方都市における文化ホールや駐車場の大きさに対して、市民から「できるだけたくさん」との要望を受けることはしばしばある。第1章で述べた「1000席無いとNHKのど自慢は来ない」や「地方は車社会」など、印象的な言葉もたくさん聞いたが、実際に使われる日数や台数をしっかり認識してもらうプロセスは極めて重要であった。非日常的なイベント時の不足を心配するのではなく、日常的な利用規模を前提とした、身の丈に合った施設づくりを目指さなければならない。特に駐車場の議論では、歩くことによる健康や楽しさを伝えつつ、イベント時の不足を周囲の空き地や既存駐車場で補完するような動線をつくり出すことが、町全体の回遊性と波及効果につながるものと考えられる。

5 調整力の重要性——事前の戦略的なガバナンス

何度も言うように、大手前地区開発は白紙撤回という経緯から、行政不信を克服するところから始まった。筆者らは市民会議の実施前に、反対運動の主導者や地権者に対して事前に個別ヒアリングを行ったことも触れておきたい。この事前ヒアリングによって、前述した参加のプロセスの徹底と議論のポイントを事前に把握でき、最終的には上記の主導者の方が計画推進に対する一番の理解者となるなど、苦労が報われる有難い状況変化もあった。

この事業では再計画の客観性を担保すること、さらに広範な市民意見を反映させることを念頭に、協議会や市民会議など、関係組織の複数樹立を余儀なくされた。実はこれらの関係組織ごとの役割分担や意見の調整に多くの時間と苦労があったことは特筆すべきところだろう。計画が進行するにつれて、若手職員へのグループファシリテーター演習および協議会内部での意識の共有が困難な場面も少なからずあった。これは初期の総論的な議論では見えなかった各人の意見の違いが、個別具体な計画案の中身が見えてきた段階に来て、各組織の思惑として表面化したものと捉えられ、どこの地方の現場でも起きうることである。中立性、客観性をアピールするために、複数の組織が関与することは、その分の覚悟と戦略が必要である。「調整力」こそ、公共デザインに求められる一番の能力とはやや言い過ぎかもしれないが、大手前のように反対運動などの複雑な事情を抱え、かつ複数の組織が参画する合意形成や事業運用には、当たり前ながら、行政内部や関係機関のガバナンスが特に重要となる。各組織の立場を調整できる人材の確保、組織同士が連携し、事業を円滑に遂行できる協議体制をいかに事前かつ戦略的に準備・構築できるかが鍵となることを心しておく必要がある。

その後、大手前開発計画は基本設計段階における市民ヒアリングを実施し、諸室ごとの詳細な利用形態に応じた実施設計を終えている。[*3] ここでは活性化の拠点を目指す多目的施設とともに、これまで通っていた地区内のバス進入・進出ルー

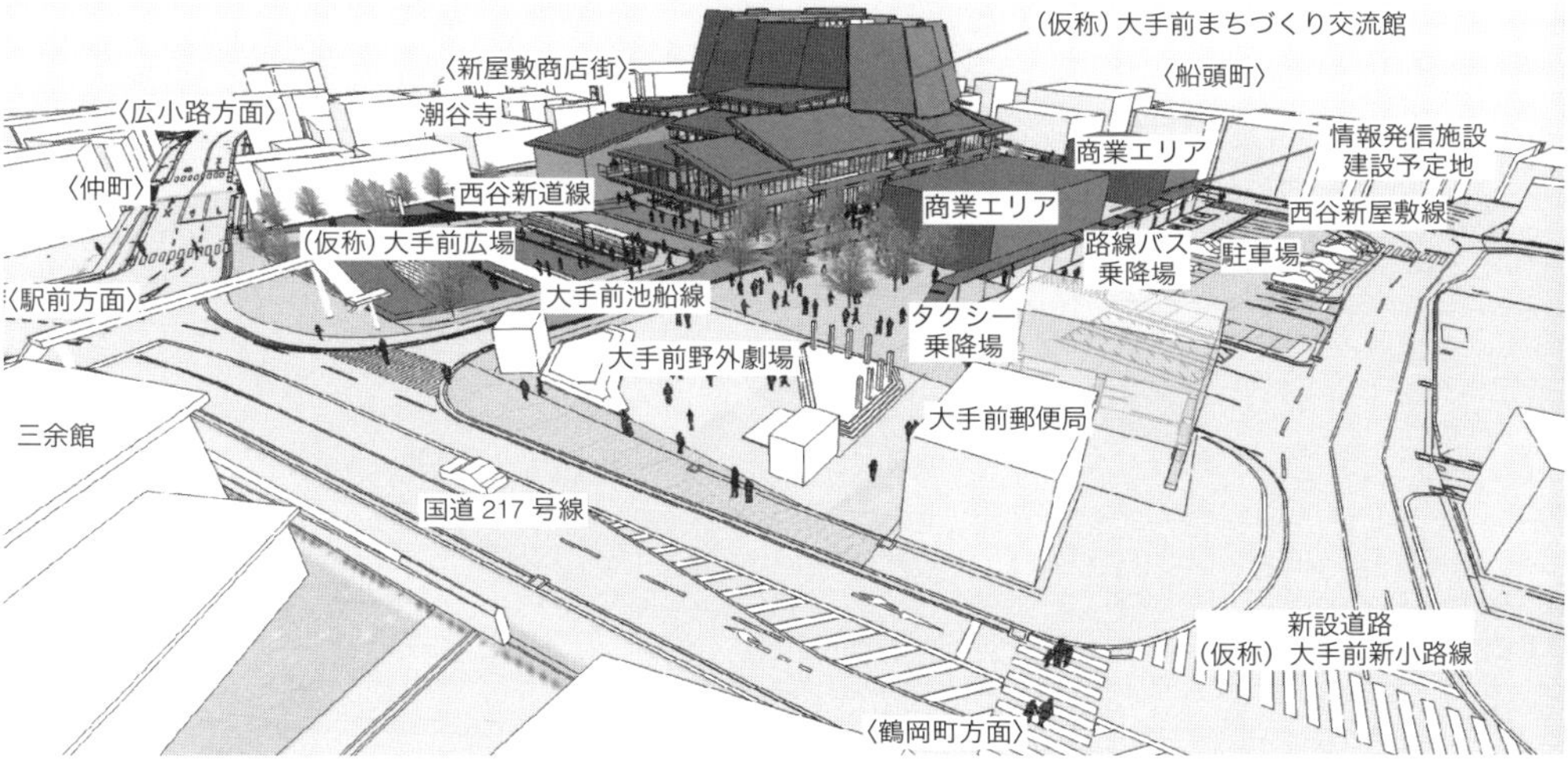

図 3･14　大手前開発計画の整備案（作図：㈱久米設計、㈱スタジオテラ）

トを変更し、既存商店エリアへの新たな動線をつくりだすバスターミナルの整備案がまとめられている（図3・14）。現在、２０２０年度の完成を目指した工事が進むなか、完成までの間に市民ワークショップを数回開催し、施設の利用、運営のための組織とルールづくりに関する話し合いが行われている。

歩行者中心の道路空間整備
――大分県国道１９７号線「昭和通り」

１―歩道拡幅と交差点４隅の広場化――リボーン１９７プロジェクト

地方都市において、目抜き通りはまちの顔をつくり、まちの印象や雰囲気をつくり出す。魅力ある通りの存在が、通り沿いや周辺のブランド力を高め、まちのにぎわいにつながった事例は全国で見られる。通りのにぎわう様子がさらなる通り自体の雰囲気を活気づけ、まち全体の活性化につながっていく。しかし、通りは言うまでもなく「道路」であり、物流のための公共施設である。目抜き通りともなれば、当然のごとく自動車や公共交通が走行することはほぼ間違いない。都市圏全体の物流を考えれば、クルマを中心とした円滑な走行は必要不可欠であり、地方都市ほど「我が町は車社会」との認識が強い傾向にある。歩行者を中心としたスローな移動は途中の買い物や食事、休憩の機会を促す。それが通りの、ひいては町全体の活性化につながることを、理解はしていても、なかなかクルマ依存から転換できない地方都市は多い。

次に紹介するのは、車道を1車線減少させて歩道を拡幅するとともに、全国でも珍しい幹線道路交差点の4隅を、一度に市民の憩える広場として再生を図った再整備計画の事例である。

大分市中心部を通る国道197号線は「昭和通り」の愛称で市民から親しまれている。昭和通りは大分県庁、市役所、府内城城址や2015年に竣工した大分県立美術館OPAM（以下、OPAM）の立ち並ぶ目抜き通りである（写真3・19）。しかし、従来から歩道舗装の不統一や歩道橋ならびに横断防止柵の劣化などが問題視されていた。また架橋されている歩道橋の劣化に加え、橋脚下部周辺の雑草や汚れなど、維持管理上の問題も指摘されていた（写真3・20）。これを受け大分県は、2015年に昭和通り再整備の事業計画を立案し、その前段として整備方針や通行区分、意匠などに関する提言を目的とした「リボーン197協議会（以下、協議会）」（会長：亀野辰三 大分高専教授）を発足、沿道企業の代表者や有識者らとともに約2年間の協議が行われた。

昭和通り再整備事業の対象区間は、国道197号線の舞鶴橋西交差点～中春日交差点の2・1kmである。協議会の事務局は大分県庁土木建築部道路保全課（以下、県保全課）であり、委員は沿道企業

写真3･20　劣化が進む昭和通り

写真3･19　国道197号線。通称、昭和通り

の代表者や有識者など23名で構成された。また前述した事務局には大分市役所都市計画課（以下、市計画課）も参加し、整備に向けた情報の共有、関係者協議に向けた協力体制がとられていた。筆者は協議会の副会長として、発足当初から計画設計プロセスの全打ち合わせに参画、通り全体の整備方針や細部のデザイン検討、提案に携わった。

2　歩道を邪魔するクロマツの保存問題

城址公園大手門西側区間であるクロマツ区間は他の区間より1車線多く、バス右折専用レーンが設置されているため歩道が狭くなっていた。また本区間は幹が著しく傾いたクロマツがあることで有名で、そのため歩行者が円滑に通れる十分な幅員、高さが確保されていない状況にあった（写真3・21、図3・15）。これに対し、リボーン197協議会はまずクロマツ区間の設計方針を考案するため、本区間の歴史について文献調査を行っている。これよりクロマツが古くは大正時代から存在していたことが把握され（図3・16）、また協議会内で「城址の石垣との調和が良い」との意見もあり、本区間のクロマツをできる限り保存することで通りの改修方針が決

写真3・21　昭和通りにあるクロマツ

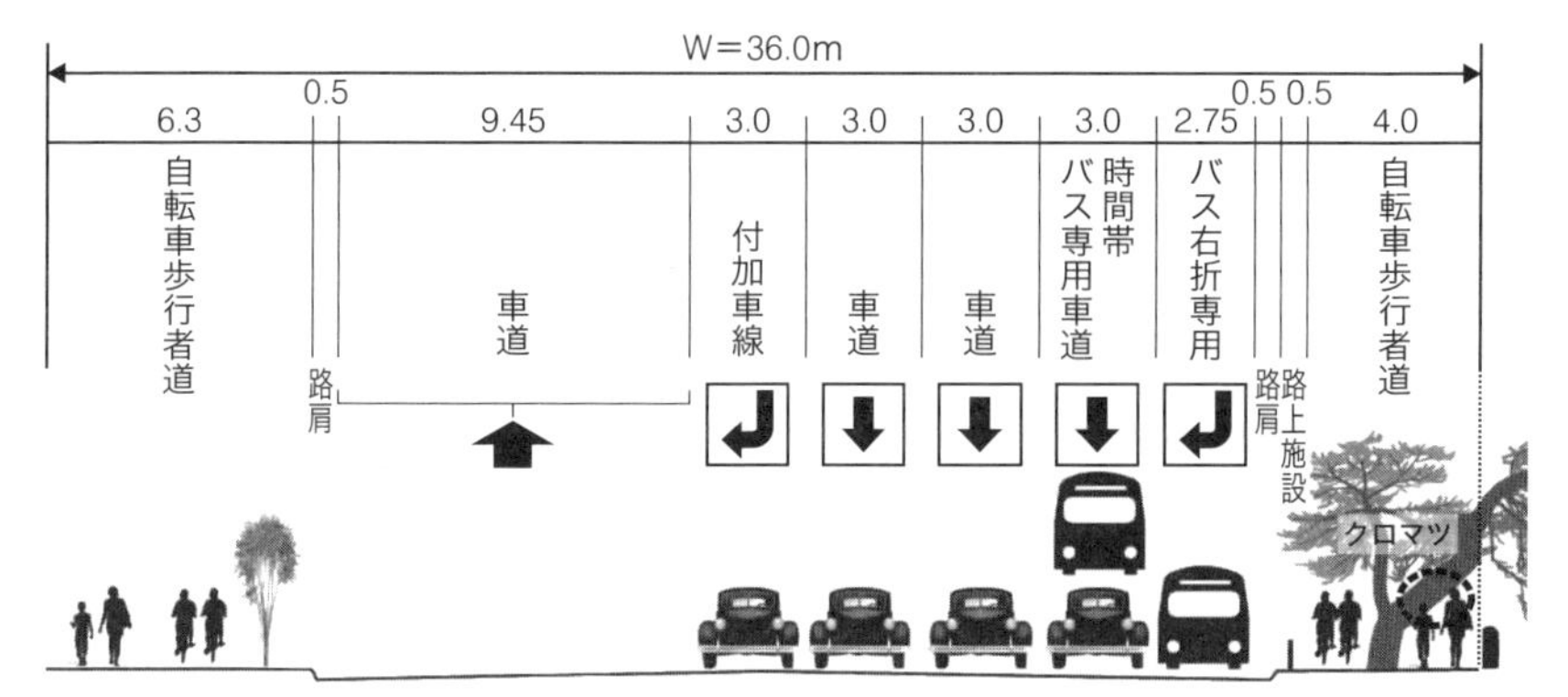

図 3･15　昭和通りにおけるクロマツ区間の幅員構成（提供：リボーン 197 協議会）

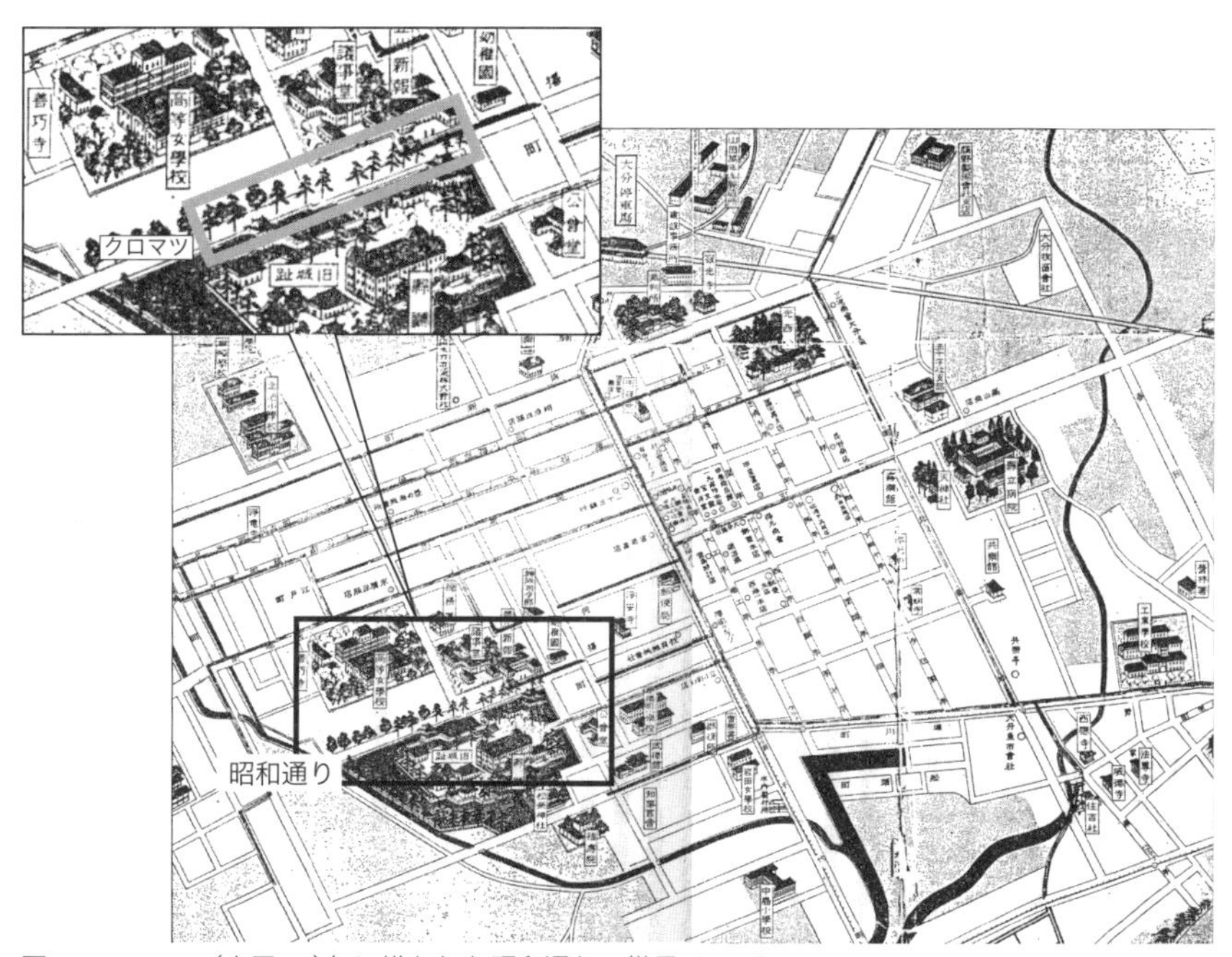

図 3･16　1925（大正 14）年に描かれた昭和通りの様子（出典：『大分市史 下巻』p.179）

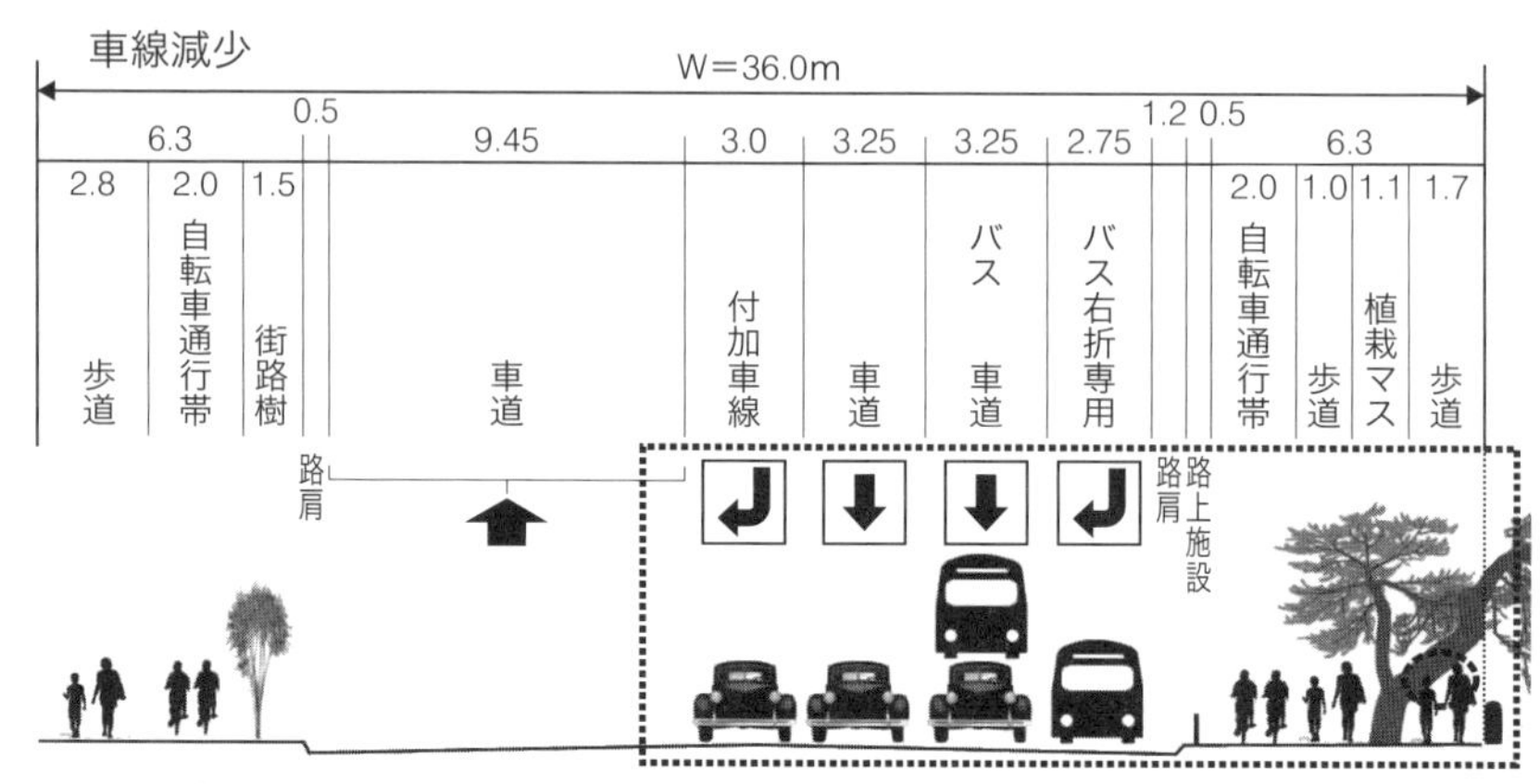

図 3･17　時間帯バス専用レーンを除去し歩道を拡幅した幅員構成案

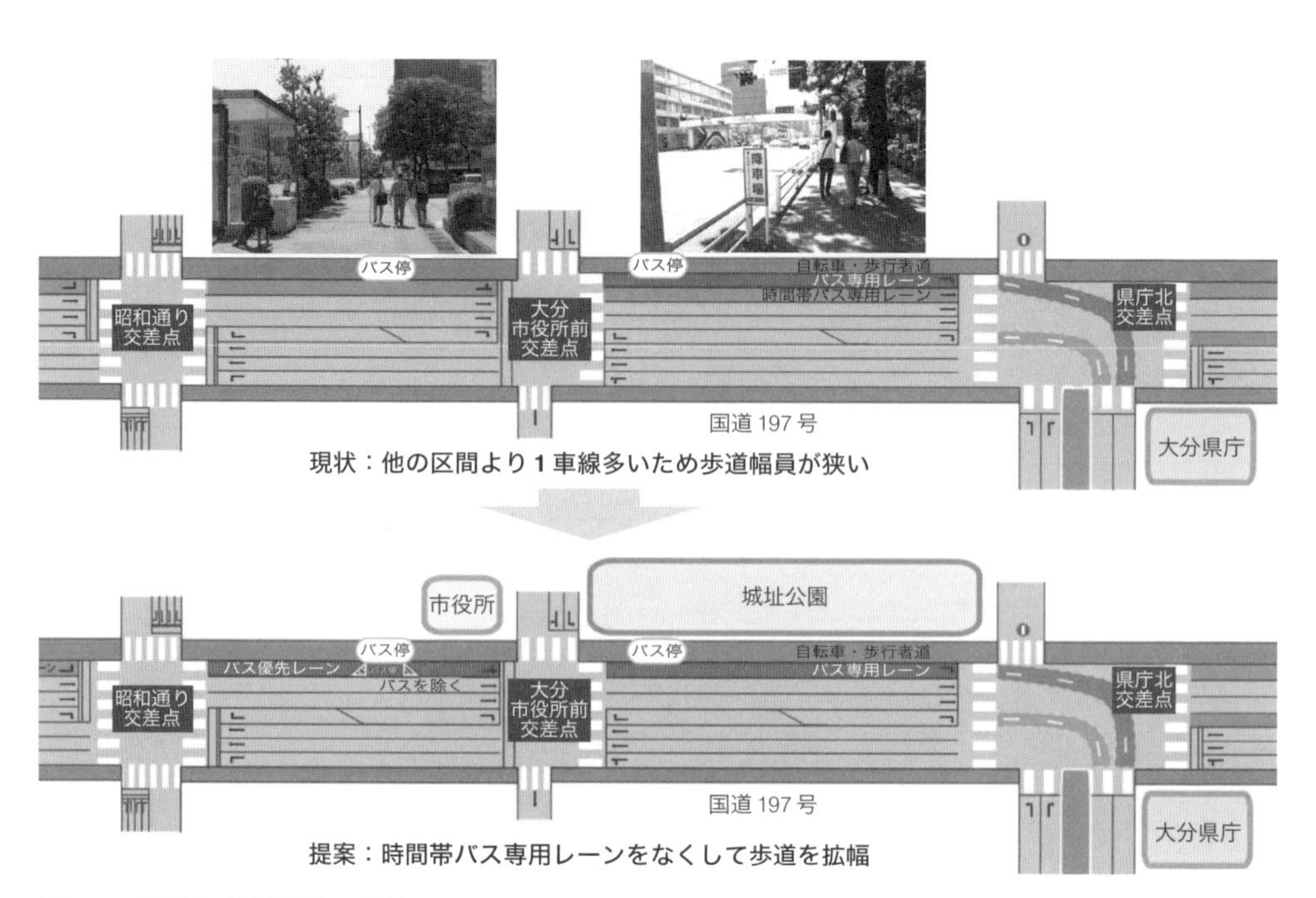

図 3･18　現状と歩道拡幅案の比較

定している。さらに時間帯バス専用レーンをなくすことで歩道を拡幅し、同時に自転車通行帯を設置する案が協議会にて提案され、交通量調査結果の分析ならびに協議会メンバーであった大分バス、大分県警との協議を経て、合意が導かれている（図3・17、3・18）。一方、先述の傾いたクロマツは、最も古くから本区間に植えられていたことが確認され、「長年にわたり自然災害を乗り越えてきたこのクロマツを残してほしい」といった意見が出された。これに対し、本クロマツの下を通る際、斜めに傾いた幹に頭をぶつける事故が起きていること、さらに年々幹が傾いて倒壊の可能性もあることが協議会メンバーから指摘され、結果的に傾いたクロマツのみ伐採し、ベンチなどに再利用する案が提案されていた。しかし、パブリックコメントの実施にあわせ、市民から本提案に反対する投書が多数寄せられ、その後の協議会で、クロマツの保存に対する議論が再度行われることとなった。その結果、城址公園の整備を管轄する大分市都市計画課から「本クロマツを城址公園内に移植する」修正案が出され、承認された。また市計画課から「現在クロマツが植えられていない東側区間にもクロマツを植えてほしい」との要望が出され、クロマツ区間をより延長する整備方針が最終合意された。

3　交差点の広場化からうまれた新たなパブリックスペース

一方、本通りと駅につながる中央通りの交差点4隅には、派手な舗装と植栽の入った小空間（以下、四隅広場）が設置されていた（写真3・22）。しかし、鬱蒼とした樹木の乱立により、信号待ちの歩行者が四隅広場に立ち入るなどの光景は見られなかった。また街灯も少なく、防犯上の問題も指摘でき、休憩場所としてほとんど機能していない状況が把握された。

写真 3･22　現在の中央通り交差点（4 隅）

図 3･19　昭和通り交差点四隅広場のコンセプト設計におけるイメージパース図

写真 3･24　協議会でのプレゼンテーション

写真 3･23　昭和通り四隅広場の提案模型（1/100）

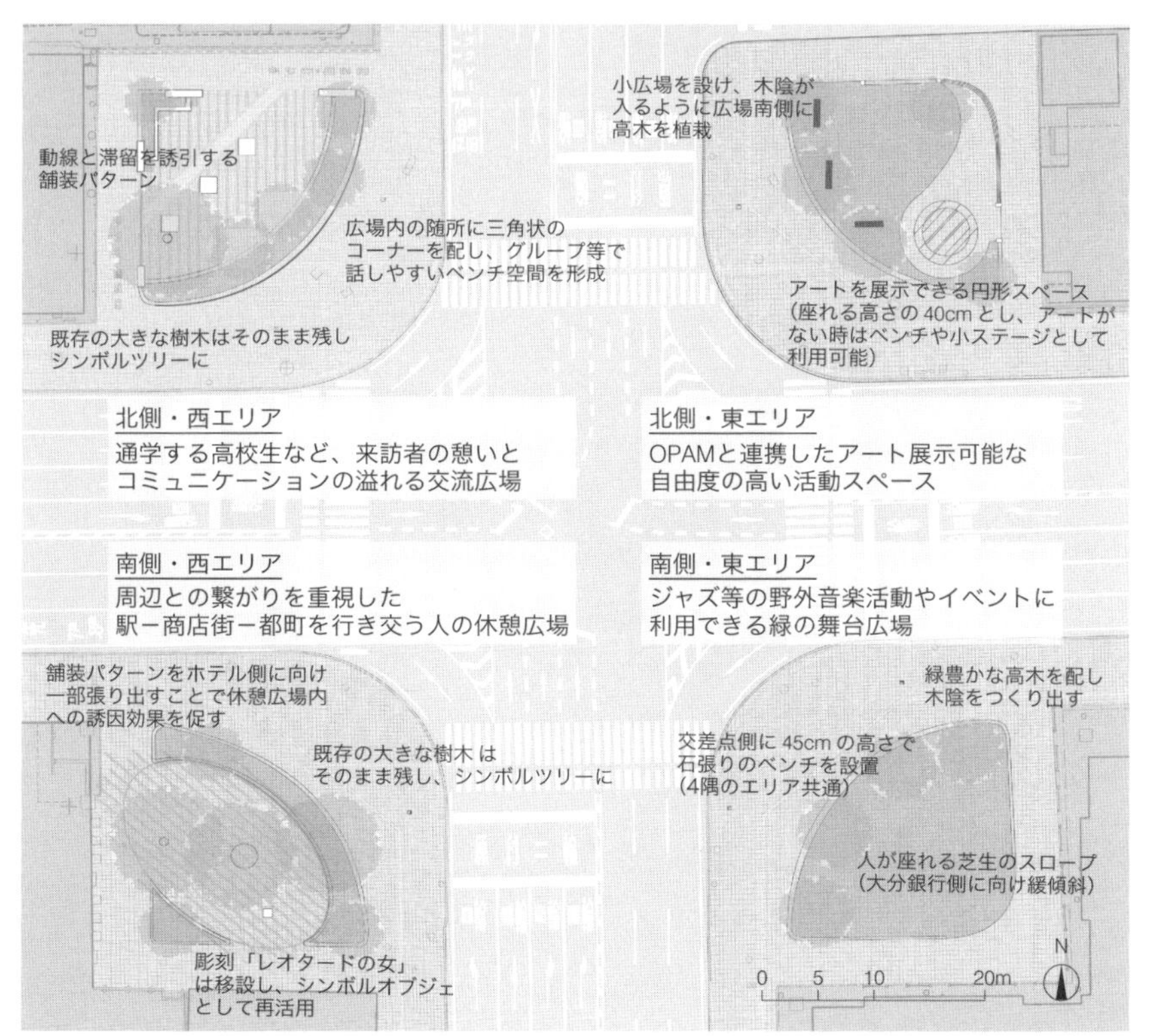

図 3･20　協議会で提案された四隅広場のデザインコンセプト

四隅広場に対する再整備に向け、筆者らは現地による利用動線の調査、模型検討を重ね、本広場のデザイン提案を行っている。ここではイメージパース図（図3・19）や１００分の1模型を製作し（写真3・23）、協議会会場に直接搬入して説明を行うなど、案に対する分かりやすいプレゼンテーションと情報の共有が目指された（写真3・24）。

提案された四隅広場のデザイン案について紹介したい（図3・20）。まず4隅の交差点側に共通して、人が座りやすい45cmの高さで石材を用いた（一部は大分で採れる日田石を使用）ロングベンチを設置する提案がなされた。また4隅ごとに緑量豊かな植栽が提案され、ロングベンチ上に木陰が入り込むよう配置されている。さらに広場内には街灯に加え、ベンチの座面下には演出照明が組み込まれ、繁華街などへの往来者が夜間でも安全かつ魅力的な雰囲気のなか休憩できる工夫がなされた。

北側・東エリアはＯＰＡＭと連携したアート展示可能な広場となるよう円形スペースを設け、展示品の無い場合はベンチや小ステージなどとして多目的な利用方法を想定している。北側・西エリアは三角状のコーナーベンチを設置する提案を行い、通学生や会社員など来訪者の憩いの場としての利用が想定されている（図3・21）。

南側・東エリアは現在市内で盛んなジャズなどの野外音楽活動やイベントに利用できる「緑の舞台広場」を提案した（図3・22）。広場内の芝生面には緩やかな傾斜が設けられており、大分銀行側を舞台とするイベントの観覧しやすさや歩行者ならびに通行車からの見えに配慮した丘の高さが設定されている。南側・西エリアの既存樹木は剪定を入れつつそのまま残すことでシンボルツリーとすること、既存の銅像は残置してシンボルオブジェとするなど、どちらも再活用する試みが提案されている（図3・23）。また舗装パターンをホテル側に向け一部張り出すことで、休憩広場内への誘引効果をもたらす空間的工夫も取り入れられた。

昭和通り再整備の特長は大きく二つある。一つ目は、協議会の場を介した関係組織間の調整によって歴史あるクロマツ区間を保全し、車線減によって歩道を広げる街路整備の達成がなされたこと（図3・24）、二つ目には、全国的にも珍しい交差点4隅を広場化し、周辺との関係性を踏まえた新たな利用可能

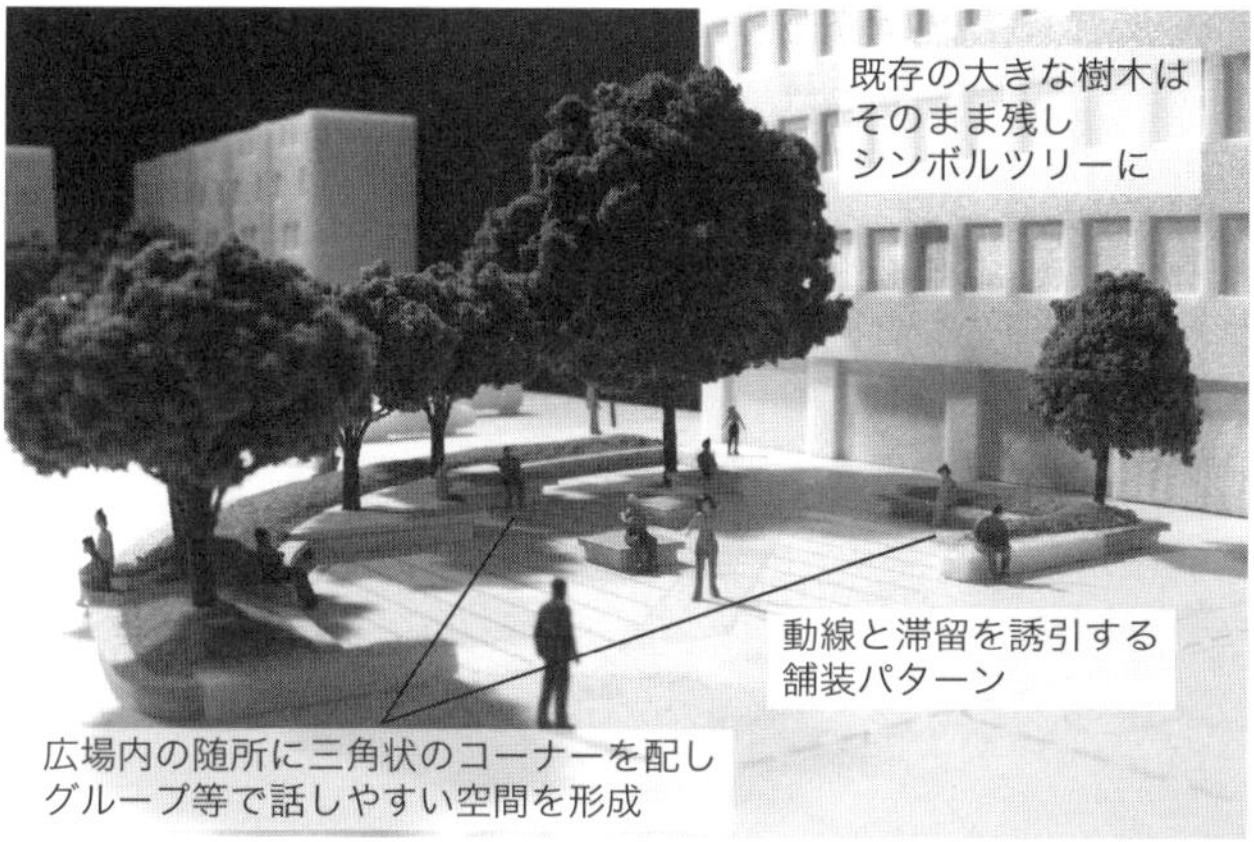

既存の大きな樹木は
そのまま残し
シンボルツリーに
動線と滞留を誘引する
舗装パターン
広場内の随所に三角状のコーナーを配し
グループ等で話しやすい空間を形成

図3·21　四隅広場「北側·西エリア」の提案模型とコンセプト

人が座れる芝生のスロープ
→大分銀行側に向け緩傾斜

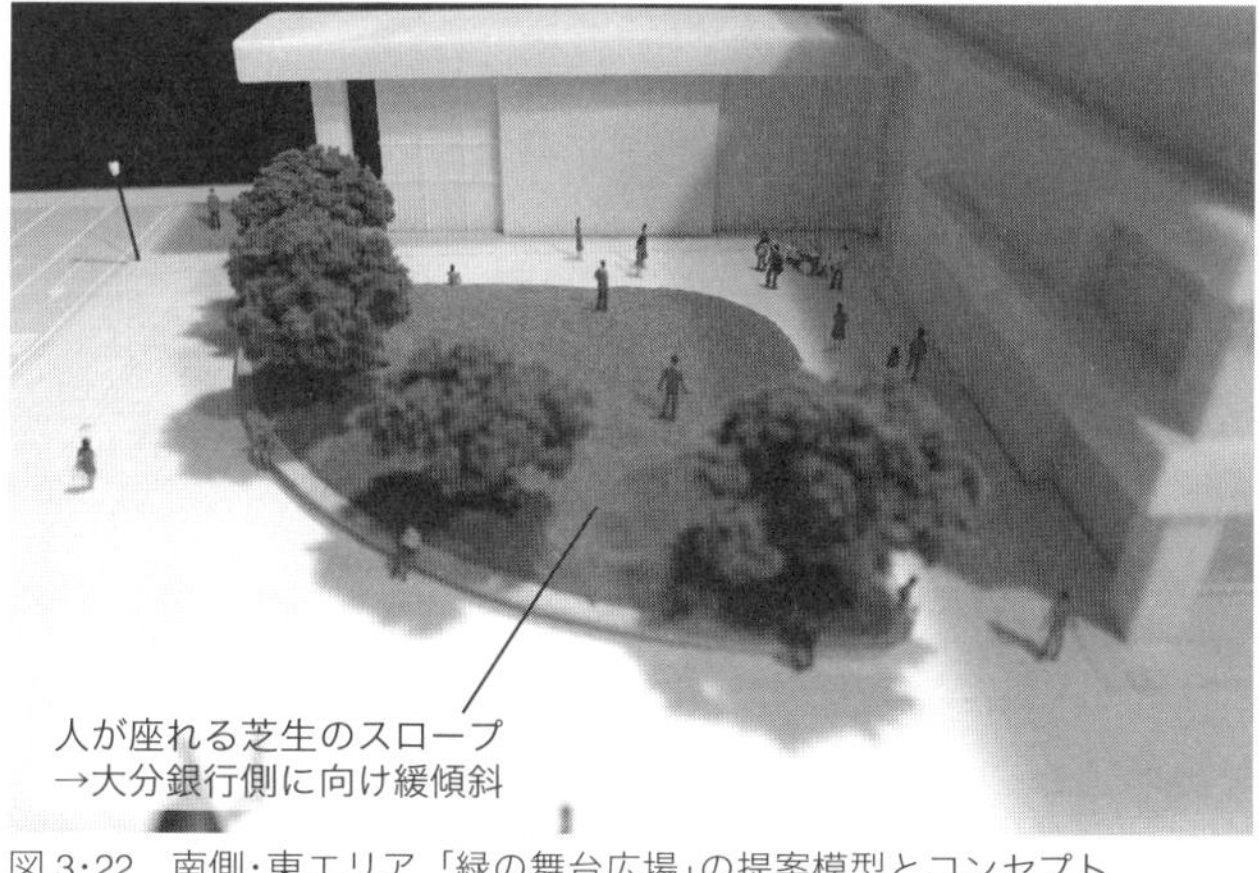

図3·22　南側·東エリア「緑の舞台広場」の提案模型とコンセプト

既存の大きな樹木はそのまま残し
シンボルツリーに
舗装パターンをホテル側に向け一部張り出す
ことで休憩広場内への誘引効果を促す

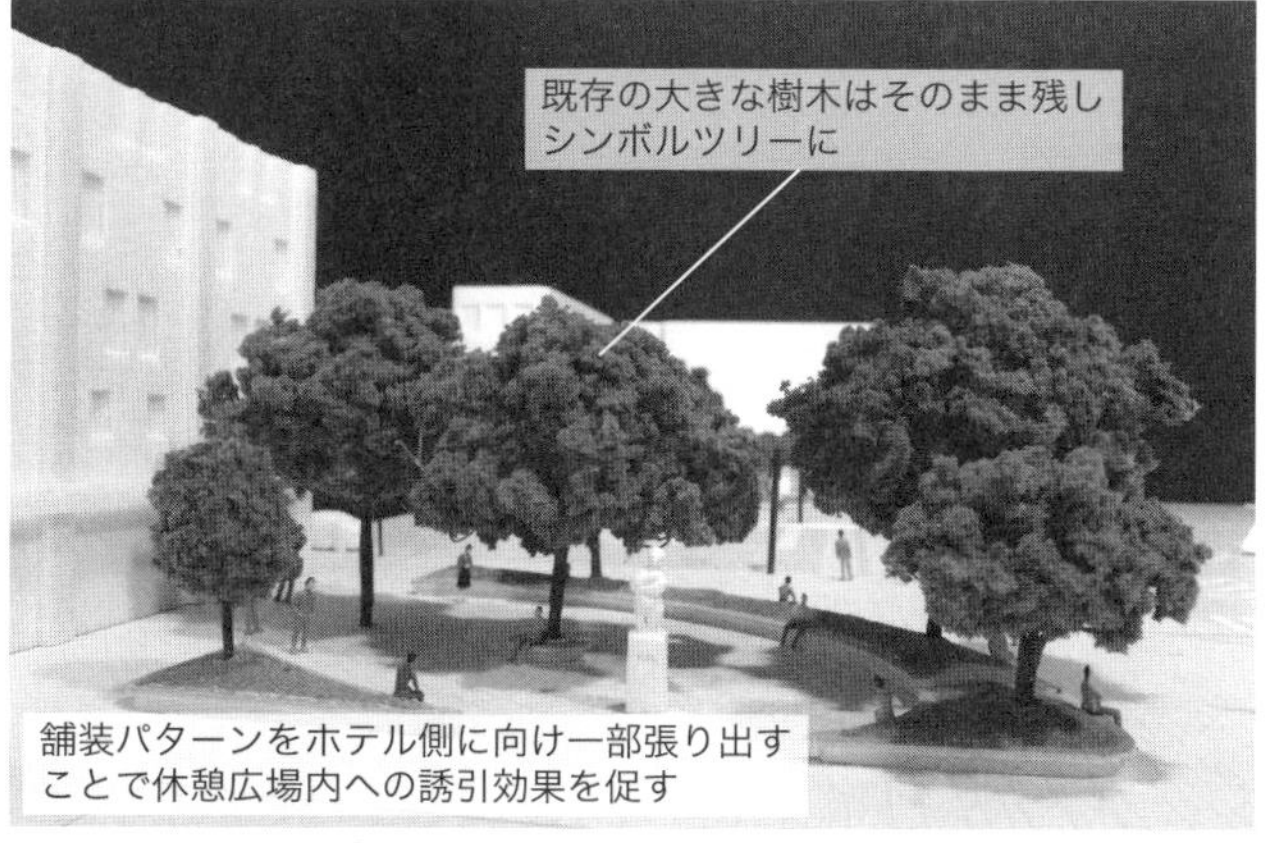

図3·23　四隅広場「南側·西エリア」の提案模型とコンセプト

性を促すデザイン提案がなされたことに集約される。通りの改修工事が終わるまでしばらく時間を要するが、大分の目抜き通りといえる「昭和通り」の魅力が、大分のまちの雰囲気をリボーンしてくれることを期待している。

注釈・文献

＊1　藤村龍至『批判的工学主義の建築――ソーシャル・アーキテクチャをめざして』エヌティティ出版、2014

＊2　主担当者として西口徹、松本識史、佐久間敦之 各氏が従事している。

＊3　株式会社久米設計の担当者は兒玉謙一郎、宇川雅之、堀川知行、平﨑昴、髙村裕太郎の各氏、ランドスケープは株式会社スタジオテラの石井秀幸、野田亜木子、杉山芳里、各氏が従事した。

図 3･24　クロマツ区間の整備案予測（作図：㈱オオバ）

第 4 章

地方都市のブランドを支える日常の美しさのつくり方

世界遺産登録が地方都市におよぼす功罪

地方都市にとってブランドづくりは活性化に資する重要方策である。現在全国で盛んに議論されている世界遺産登録は、貴重な場所として世界クラスのブランドを証明するものといえ、人々の関心と地元の郷土に対する誇り、そしてそれは観光の目玉にもなりうる。地方都市の活性化につながるまちづくりや景観整備の本質は、単に色彩や形態意匠を揃え、お洒落な建物や広場を整備するという類いのものでは無い。すなわち、活性化につながる地域のブランドづくりとは、その都市の場所性（らしさ）を捉えることから始まり、その場所性が風景やまちの魅力として感じられるレベルの「まとまり」や「構造」をつくり上げていく作業と言って良い。さらにそうした作業の積み重ねによって、都市自体の存在感や住民のまちづくり意識を向上させるのである。ではそうしたブランドづくりにおいて、どのような点に注意しなければならないか。ここでは世界遺産を一つの地域ブランドとして位置づけ、公共空間のデザインやマネジメントに求められるポイントについて詳述してみたい。

近年、各自治体による世界遺産登録を目指した活動が散見される。世界遺産登録というブランドを獲得することで、住民の郷土に対する誇り、愛着の促進や、観光客の増加といった地域の活性化が目論まれていることは言うまでもない。筆者もいくつかの自治体からオファーを受け、登録に向けた各種委員会や景観保全に関わるアドバイスなどに従事している。

筆者が考えるに、登録に向けた活動が生み出す効果として、一つは景観や伝統的風景に対する行政担当官の意識の向上があげられる。ご存じのように世界遺産の登録にはいくつかクリアせねばならない条件があり、特に世界遺産を保全するための法的な仕組みの有無は基本事項と言える。例えば世界遺産登録を目指すエリアは、「コアゾーン」そしてそれを取り巻く環境を保全する「バッファーゾーン」が設定されなければならず、これらのゾーンに対する保全の法的担保が求められる。我が国では景観法に基づく景観計画や重要文化的景観地区[*1]などがそれにあたるが、逆に言えばそれらの計画が策定されて始めて登録を目指せる立場に立つ。そのため、前述の計画を立てるために、景観資源・資産を守るべきエリアとその重要度などについて委員会で協議し、そのための調査や資料作成に従事することになる。

筆者がお付き合いのある長崎県においても、景観や公共施設に対する配慮について後述するデザイン支援制度や文化的景観地区の保全・整備のあり方を協議する仕組みが徐々に充実してきた。また仕組みだけでなく、そうした配慮自体を実務のなかにいかに取り込むかが真剣に議論されている。世界遺産登録前には世界遺産委員会の諮問機関であるＩＣＯＭＯＳ[*2]の現地審査が行われるが、行政担当官からすれば、自らが携わった事業の不備が現地で指摘され、登録の取り消しにでもなったら大変だとの意識があるのも当然だろう。すなわち自治体あるいは首長が先導する世界遺産登録に向けた活動が、それまで「景観検討など、お金もかかるし、よく分からない」と決めつけ、景観業務自体を毛嫌いしていた職員の、いわば「食わず嫌い」を変容させるきっかけにはなっているように思う。

もう一つのメリットは、市民ボランティアの活性化である。世界遺産に登録されれば、世界中から旅行者が来訪する可能性が広がる。そのため、観光客を相手に遺産の史実説明や地域の魅力をアピールする案内役のニーズが必然的に高まる。郷土史家のみならず、郷土愛溢れる市民ボランティアの活躍する場が増えることで、人によってはライフワークに、あるいは新たな雇用につながるケースもあり得る。
しかし、留意すべき懸念もある。一つは、登録後の「観光」ばかりが注目され、客を集めるコアゾーンまたＩＣＯＭＯＳの審査対象であるバッファーゾーン以外の地区に対する景観配慮が看過されるなど、世界遺産登録自体が目的化され、本来重視すべき地道な景観保全活動や住民に対する説明、活性化施策などの積み重ねが軽視される危険性である。確かに世界遺産登録後、当該地域の知名度がアップし、観光客の増加につながった先行事例は多い。一方で、観光客がずっと訪れる、すなわちリピーターを確保できる地域にまで魅力を保持し続ける地域はどれほどあるか。世界遺産という称号は、地方にとって一つの通過点であり、ブランディングされたエリアとその他エリアを含めて、いかに質の高い空間整備を続けていけるかが一層問われることになる。

二つ目は、世界遺産登録の審査で除外された地域に対する価値意識の低下である。２０１７年7月に世界遺産登録された福岡県の「『神宿る島』宗像・沖ノ島と関連遺産群」に対するＩＣＯＭＯＳの評価結果が同年5月にユネスコ世界遺産センターから通知されている。ここでは「『神宿る島』宗像・沖ノ島と関連遺産群」について「記載」[*3]が適当との勧告がなされた一方、登録を目指していた沖ノ島以外の宗像大社沖津宮遙拝所宮遙拝所、宗像大社中津宮、宗像大社辺津宮、新原・奴山古墳群は「除く」との判断が下された。ご存じの方も多いと思うが、結果的には全ての遺産が無事登録される運びとなったが、だから全て問題無いという簡単な話ではない。もし今後こうしたＩＣＯＭＯＳの評価によって一部の地域資産やその周辺エリアが除外された場合、それらの価値があたかも「低い」、「無い」かのような錯覚が市民や当該自治体に蔓延り、それまで行われていた景観保全策や空間整備に対する配慮が疎かになることを回避しなければならない。

三つ目に、前述した登録による観光効果に対しては、経済的な恩恵を受けるであろう旅館業や商業従事者からの期待が大きい一方で、全く恩恵を受けない、むしろ人が増えることで迷惑を被る可能性のある人たちがいることを忘れてはならない。長崎県五島市の久賀島には世界遺産登録を目指す構成資産の「旧五輪教会」（写真4・1、4・2）が存在するが、教会や隣接したトイレの維持管理は周辺に住む数世帯の信徒さんたちで行われている。多くの人々がやってくれば、その分地域にお金を落としてくれることばかりが頭に浮かぶが、実は「排泄物」もたくさん落としていくことに注意が必要である。久賀島の場合、離島であることを考えても、教会横のトイレの需要が高くなることは必須で、特段の恩恵もなく、特定の人たちにしわ寄せが来る地域に継続的な未来があるわけがない。

四つ目に、これは先行の世界遺産でも問題視されていることだが、観光客の利便性を優先した道路などの社会基盤整備が行われることで、世界遺産となった本来の伝統的風景が壊されてしまう可能性である。フランスのモンサンミッシェルが観光客向けに整備した道路ならびに駐車場を撤去したことは記憶に新しいが、社会基盤の過剰整備をいかに防ぎ、風景の保全と観光客の周遊をいかに両立させていくかが求められる。

写真4・1　旧五輪教会

写真4・2　旧五輪教会内部

日常の美しさをうむ公共空間の設計と施工

ではどのようにしてブランドづくりを目的とし、前述した景観の保全と来訪客の利便性を図る公共空間を整備していけば良いのだろうか。前述したようにブランド化には、魅力ある景観としての「まとまり」が洗練されたかたちで人々に認識されなければならない。そのためには、まず基本的な検討項目として、公共空間を構成する要素一つひとつの素材や細部に至るデザインが、全体として周囲の景観と調和しているか、チェックしていく必要がある。ここでは公共空間の構成要素とその素材を中心に、景観設計上の留意点について解説していこう。

1 自然素材を活かす——「マテリアル」と「仕上げ」

ブランドづくりに寄与する公共空間のデザインには、その地域が持つ「らしさ」や「特徴」を把握し、その良さが外から来た人たちに「分かりやすく」かつ「魅力的」に伝わるかどうかが鍵となる。中村良夫は景観を「地に足をつけて立つ人間の視点から眺めた土地の姿」と定義している。[*4] すなわち、そもそもそうした景観を阻害せず、かつ魅力的な公共空間をつくるうえで、大地に元々ある石や土などの自然素材を活用していくことは、景観的な調和を生むうえでも理にかなっている。ここではこれら「石」と

「土」の可能性について考えてみたい。

「石」と言ってもその使われ方は様々である。河川や水路の護岸、棚田などにみられる「石積み」、公園や街路などの石材舗装など、石が持つ独自の風合いと時間が経つにつれてその重厚さが増すエイジング効果は他の材料と比べても圧倒的な魅力を持つ。「石積み」に対する考え方は、真田純子氏（東京工業大学准教授）による明快な先行研究[*5]などがあり、それらを参考にしていただきたい。敢えて筆者の少ない経験から私見を述べると、やはり評価の分かれ目は「本物かどうか」、つまり「本当に積まれているか」であるように感じている。昨今の各種施設整備においては、石をそのまま積む「空積み」の石積みは施工自体が難しいケースは非常に多い。河川護岸の石積みや伝統的な町並みの石塀などは、法規上あるいは構造計算上、求められる強さを保持するために「裏込め」にモルタルを使用したり、アンカーボルトで石を護岸に固定したりと、様々な加工が施される。しかし、その際にも「積まれているように見えるか」は非常に重要である。

また建材や舗装材料にもよく使われている御影石にも、シロ、サクラ、サビといった異なる色目があり、かつバーナーやサンドブラストなど、表面の仕上げによって石が持つ色調の鮮やかさや風合いを調整できる（表4・1）。その場所に応じた、さらにはデザインや意匠上狙いたい風合いや形状によってこれらの種類を使い分け、さらにエイジング効果によって年月を経るごとに施設の魅力を増していくという、まさに景観形成のスーパー・スターならぬストーンである（笑）。

一方で課題もある。やはり一般にコンクリートに比べて高価であるため、公共事業の枠組みでは使用に対するコストパフォーマンスが示されなければならない。また複数年におよぶ大規模事業の場合、事業完成まで同じ石を、大量かつ一定の価格で入手できるかという供給側の問題や、近年、石工や石材加

表 4·1　石の種類と表面仕上げの特徴

御影石の種類	特徴	イメージ	表面仕上げの種類	特徴
白	白を基質とし、大規模な建築や墓石などにも多く使用されている。加工がしやすく、叩き仕上げから本磨きまで様々な表面仕上げが可能		本磨き	切削した石材表面を荒磨、水磨、本磨の順に、粗い砥石から徐々にきめ細かい砥石に替えながら研磨する仕上げ。素材本来の色調を鮮やかにし、耐久性にも優れた仕上がりとなる
桜	明るく柔らかな桜色を基質とし、細やかな石目が特徴的。様々な表面仕上げでも派手になりにくい。都市内の公園や通路等の舗装材に多く使用		ジェットバーナー	石材表面を 2000℃ 程度の火炎で熱し、造石結晶群を弾き飛ばして凹凸をつくる仕上げ。くすみないの色調で、自然な岩肌に近い仕上がりで滑り止め効果を持つ。サンドブラストに比べ、基質色や黒の斑点がより鮮やかに出る
錆	薄茶色の色斑があり、バーナー仕上げにすると赤茶色に変色する。小叩き仕上げやピンコロ石（10cm 角程度の立方体）に加工されることも多い		サンドブラスト	石材表面に鉄砂といわれる砂を吹きつけ、表面に凹凸をつける仕上げ。バーナーよりも凹凸が少なく、基質色や黒の斑点が薄い印象となる。年数が経つにつれ色味が徐々に滲み出てくる
グレー	灰色を基質とし、黒斑点と白い色味が明瞭に分かれたものから、細かな石目のものまで多様。様々な表面仕上げによって石目が強く感じられる		ビシャン	石の表面をピラミッド状の特殊なカナヅチで叩き、細やかな突起でより平坦に仕上げたもの。防滑性の効果が見込める
黒	閃緑岩などの石材を指し、落ち着いた色調で存在感がある。磨くと黒色または緑色の光沢を発し、比較的、他の石材よりも高価		小叩き	ビシャン仕上げ面を、先端がくさび状のハンマーで、横筋に細かい刻み目がつくように加工したもの。きめ細かな表情は、上質なイメージを持ち、防滑性もある

工会社が減少するなど、業界的な不安要素を改善していかなければならない。

次に「土」について考えてみよう。土は多自然川づくりにおける土羽（盛土工事における法面）、棚田や斜面の土留めなど、施工方法のあり方として重要な検討項目となる。一方で、やはりコンクリートなどに比べて強度が弱いことや、草刈り、雑草処理などの維持管理上の課題が挙げられることも多い。景観配慮に対して、周辺に住む利用者や計画者が、維持管理に「手をかける」と捉えるか「手がかかる」と捉えるか、公共空間に対する意識づくりや合意形成上の課題といえる。

一方舗装材としての合わせ技として、真砂土に固化剤を混ぜて施工する「土系舗装」も景観設計上の協議にあがることが多い。豊かな自然に囲まれた道や由来のある歴史的な道などにとって、景観に配慮した有用材料といえる。しかし、やはり強度や維持管理上の課題はつきもので、3%から7%といった固化剤の配合を増やすことで強度を担保できる一方、舗装色の調整が難しい面がある。時折、施工後に見るとやや白浮きした黄土色の舗装がかえって目立ち、景観阻害になっている事例も見かけ、なんのために「コンクリートではなく土を使おう」としたのか本末転倒なケースもあるので注意が必要である。最近では未だ施工実績は少ないものの、伐竹材を使用した「竹土舗装」や「竹チップ舗装」という、より歩行性、耐久性の向上が見込める土系舗装の方法もあり、[*6] 前述してきたポイントを参考に、大地にある自然素材によって本物の景観づくりが進んでいってくれることを期待したい。

2 道路景観が地域らしさを支える——アスファルトの有用性

仕事柄、道路整備にまつわる景観設計のアドバイスをよく求められる。時折、舗装に関して「やっぱりアスファルトは景観的にはまずいですよねえ?」との質問を耳にする。つまり、アスファルト舗装では「味気ない」「素っ気ない」「凝ってない」など、景観配慮としての工夫が無いとの認識に基づくものだ。しかし、私はアスファルトの景観資材としての有用性を強く認識している。理由をいくつかご紹介しよう。

まずアスファルトは前述したように「地味」なことから、周囲の景観を阻害する可能性が極めて低い。かつアスファルトは施工直後から時間が経つにつれ、日焼けして徐々に色褪せ、より周囲の景観と馴染んでいく。これは景観上重要な「エイジング効果」と言えなくもない。多くの植栽や芝生に囲まれた園路など、自然豊かな公園にアスファルトが上手く備わっている事例は海外を含めとても多い。言うなれば、決して目立つことなく景観を支え続ける名脇役とでもいえようか。

また施工後の維持管理面でも力を発揮する。道路の下には様々な配管や設備が埋まっていることが多く、メンテナンス上、掘り起こすうえでも修復しやすい特長がある(写真4・3)。しかも、比較的安価なうえ、「脱色アスファルト」といったより控えめな工法もあり、景観資材としての有用性は明らかである。

しかし、残念ながら景観的に目を背けたくなるアスファルト道路に出会ってしまうこともある。「カラーアスファルト」である。表面を塗布するタイプの場合は、多少前述した日焼けの理由から色褪せてくるが、その見窄らしさはエイジング効果とは程遠い。また顔料を骨材に練り込むカラーアスファルトは、当然ながら変わることなく自己主張し続け、周囲との景観的調和など、お構いなしである。無論、機能上の有効性はよく分かる。自転車専用道や歩道を色分けし、視覚的に分かりやすくすることで通行者の安全性を向上させる狙いは十分理解できる。一方、周囲に良好な景観が形成され、縁石や段差などによってしっかり道路区分も明瞭なところに「ここまで派手な色にする必要があったのか」と疑いたくなる道も散見される。

都市の魅力や景観をどう考えるか。赤い歩道や真っ青な自転車専用道など、安全性を目指す施策と都市景観としての品格をどう維持し、バランスをとっていくか。道路舗装に対する十分かつ適切な整備方針の検討が望まれる。安全確保とは単に色を塗りかえることではなかろう。色に頼らずとも通行者や自転車、車のマナー、ルールづくりなどによって安全で快適な暮らしを実現できないか、少なくとも模索するだけの価値はある。そうした模索の積み重ねが地域の風景を守ることにつながっていく。

改めて述べておきたいのだが、アスファルトの景観資材としての有用性とともに道路舗装に対する景観設計の要点として、色のみでなく質感（テクスチュア）に対する検討が重要である。もっと言えば、そうした表層に関わる検討のみでは魅力的な道路景観の保全にまで至らない。すなわち、「どんな質感でどんな色味にするか」を検討する前に、その道が「どの方向に、もしくはどこを通り、どのような景観のなかを通り抜けていくのか」に目を向けなければならない。

写真 4･3　群馬県国道 18 号線「坂本宿」道路再整備の様子。水路を含めた境界部に自然石を用いてディテールを集約しながら、歩車道は除雪やメンテナンスが容易な一般的なアスファルト舗装とし、将来的な維持管理や地域住民の利用に配慮した道路空間の高質化が図られている（撮影：福島秀哉、設計：小野寺康都市設計事務所）

3 ― 景観に配慮したコンクリート活用法

前述したアスファルトと同様に、現代における都市基盤施設の構築に欠かせない資材「コンクリート」についても述べておこう。土木構造物を巡る設計においても、当然のことながらコンクリートにまつわる協議は多い。構造物自体の材料として、あるいは舗装材料として使用されるコンクリートの有用性は周知の通りだろう。求められる強度を保ち、耐久性、施工性、その十分な実績に支えられたコンクリートは、他の材料に比べて比較的安価であるなど、利点を挙げればきりが無い。しかし、コンクリートが「景観配慮」の文脈で俎上に上る際、実はあまり良く言われないケースが多い。使い勝手の良い極めて有用な材料である一方で、自然豊かな、もしくはそうした環境づくりを目指す事業においては、やはり石材などが優位に立ち、「コンクリート＝景観阻害」のように批判されることもしばしば。コンクリートと自然はそもそも景観的にミスマッチであると端から決めつけられる方々も少なからず居られる。確かに筆者も石材の景観資材としての優位性には同感である。しかし、「コンクリート＝景観的に醜悪」とは一切考えていないし、機能上、コンクリートを使用する場合でも、工夫次第で美しい仕上げは可能である。

コンクリートが施工方法や表面の仕上げによって、いろいろな風合いを呈すことはご存じであろう。景観設計の場面でそうした風合いを操作し、デザイン性や景観配慮の効果を上げることができる。例えばコンクリートによる舗装を巡っては滑り防止が必須なことから、表面に細かい線が幾重にも入る「ほうき目仕上げ」、コンクリート内部に配合される骨材を表面化させて、細かな自然石の風合いを見せる「洗い出し仕上げ」など、仕上げも様々ある。特に洗い出し仕上げは、コンクリート施工直後の白浮きを抑えるだけでなく、斑模様に入ってくる表面の汚れを一様に黒ずませる、いわばエイジング効果も促す。供用開始直後から、できる限り人工構造物の違和感や圧迫感を低減させる工夫として有効といえよう。

骨材においても、一般に流通する青みがかった「大磯」や、より色の混合が目立つものなど、様々な種類の砂利が用意され、値段に加え大きさもミリ単位で様々である。その他にも施工に手間がとられるものの、表面をタガネなどによって粗くする「たたき（ハツリ）仕上げ」や、製品化されたコンクリート平板ブロックにおいても、多種多様なテクスチュアが用意されている。一方、3〜7％の「顔料」を混入させ、構造物自体の白浮きを低減させる事例も散見される。ただし、顔料による色の調節は施工直後から不自然に「黒すぎる」事態につながることもあり、逆にエイジング効果を阻む可能性があることに注意が必要である。これについては後述する事例で再度触れたい。

誤解してほしくないのは、「仕上げさえ工夫すれば全てコンクリートで良い」といっているわけではない。風光明媚な棚田の立派な石積みの一部にコンクリートブロックがパッチワークのように備わっている光景を見ると本当にがっかりする（写真4・4）。実は

写真4·4　石積みの一部に張られたブロック塀

そうした使いやすさのみを考えたコンクリートの整備事例が、前述した景観配慮に対するコンクリートのイメージを総体的に悪くしているように思えてならない。

4 見通しをもつ柵の重要性

加えて見過ごされがちなのが、転落や侵入、路外への逸脱を防止する「柵」の存在である。柵は道路の「付属物」でありながら、道路景観を洗練させる重要な役割を持つ。しかし、境界部に位置する防護柵などは、道路自体のデザイン検討に比べて設計協議の終盤に出てくることが多い。そのため予算上のしわ寄せが来ることも多く、当初の見積もりより安価かつカタログから取り寄せやすい既製品が現地の状況などお構いなしで設置されるケースもある。最悪、協議の俎上に出ないまま、計画・施工者の個人的判断で色や形が決められてしまうことも少なくない。そもそも景観形成上の柵に対する技術者の意識が未だ低く、「どういった場所にどのような柵が適するか」の知見や認識も低いように感じる。無論、景観に配慮した柵のデザインを進めるうえでは、現場ごとにその場に適した柵がどのようなものかを検討することが必要不可欠なことに変わりはないが、参考までに以下二つのポイントを述べておきたい。

一つ目は「透過性」である。柵によって背後の景色が見えにくくなるのは、道路に対する圧迫感を助長することにもつながる。その点ではガードレールよりも、向こう側が見えるガードパイプの方が透過性は高いといえるが、あわせて支柱やビームなどの太さにも気をつけることが肝要である。加えて、河川沿いの柵などは基本的に真横からよりも、流軸に対して平行に、また移動しながら見られることが多い。子どものよじ登りなどに注意を要するものの、柵のビームは縦に入るタイプよりも横に伸びるタイプの方が、眺めを確保しやすい点で景観的には有利といえる（写真4・5）。

二つ目は「色」である。国交省が定める「景観に配慮した防護柵の整備ガイドライン」[*7]では、鋼製防護柵の基本とする色彩として、これまでの白から、景観に配慮した柵色が薦められており、ダークブラウン、グレーベージュ、ダークグレー、オフホワイトについて試行検討がなされている。[*8]経験的には歴史的建造物が建ち並ぶエリアでは「ダークブラウン」が、山間を通るコンクリートブロックやアスファルトの備わる一般道では「グレーベージュ」が第1候補と考えられるが、すぐ背後に木陰の多い樹林が続いているケースではダークブラウンの方が景観的に馴染むケースもあるので留意されると良い。

写真4・6を見てほしい。筆者は以前、古い金網フェンスのある区間だけが取り換えられ、錆びて茶色くなったところと新品かつ同形式のグレーの網が並存した状況を見かけたことがある。興味深かったのは、錆びて茶色くなったフェンスの方がグレーの区間に比べて向こう側が透けて見えていたことだった。つまり、柵の構成物が同じ太さ、密度でも、明度の低い茶色の方が白色系よりも透過性が高く、柵による圧迫感を軽減する可能性を示している。また時折

写真4･5　熊本市白川／緑の区間の転落防止柵（本区間は熊本大学准教授・星野裕司氏らによって手掛けられ、河川改修事業の景観デザイン事例として秀逸である）

あるので述べておくが、ガードレールなどに対して「海沿いなので、海の色に合わせて青色に」「山沿いは葉っぱにあわせて緑色に」といった配色を見かける。そもそも自然界の色と塗装色とは根本的に異なり、「同じ色だから調和する」というのは安易な考えである。しかも、ガードレール自体がかえって目立ち、周囲の景観を阻害するので要注意である。

以前、住民参加型で計画案が作成され、かつ竣工を見た公園整備事業を対象に、設計・計画段階の合意形成プロセスと、実際にでき上がった公園の空間デザインとの関連性について調査を行った経験がある。[*9] 興味深かったのは、公園づくりの合意形成プロセスの質は①柵などの安全対策、②遊具などのパーク・ファニチャーのデザインに顕著な違いとして表出する傾向があるとの結果だった。つまり、形骸化した参加のプロセスが問題視される公園に対して、充実した協議プロセスを持つ公園の遊具と柵は、フェンスの細部にまで徹底して話し合われており、これらのデザインとプロセスは密接な関係にあることを示している。

「柵」を主菜の横にある「お漬け物」のように扱ってはいけない。最後まで手を抜かず、前述した透過性や色など、現地の状況に合わせた柵自体のデザイン検討を丁寧に行っていくことが大切である。

写真 4·6　ある河川沿いの金網フェンス

一つひとつは小さな存在でも、連続して立ち現れる柵の存在感は大きい。このことを現場で事前に把握し、デザイン協議する効果は十分すぎるほどある。

世界遺産登録につながる「普通」の道づくり
——長崎県小値賀町

1 眺めを確保する道路整備と景観保全

山間地などの自然豊かな地方都市において、先述したように世界遺産の登録後、来訪者が押し寄せてくる事態は当然想定される。当該自治体にとっては、安全かつ円滑に来訪者を行き来してもらうべく、構成資産につながる道をいかに改良あるいは維持・管理していくかが急務の課題となるだろう。ここではブランドづくりに配慮した道路設計の一事例として、長崎県小値賀町野崎島の道路改良事業について紹介する。

小値賀町野崎島は、小値賀島から２kmのところにある無人島（１９７１年以降）である（写真４・７）。本事業は、世界遺産暫定登録構成資産に含まれる「旧野首教会」（写真４・８）と野崎港とを結ぶ約８５０mの町道野崎本線を対象とした道路改良事業である。ここでは数回の現地踏査と設計に係る打ち合わせが行われており、第１回目は、対象道路全ての舗装状態や崖地などの危険箇所、道路付属物の配置状況を確認している。さらに野崎島特有の景観資源、良好な風景を眺めることのできる視点場などを把握し、留意点をまとめた（図４・１）。これにより、周囲の島々と海によって構成される海辺、往時の暮らしぶりの表れとしての廃屋、石積の段々畑と所々に群生するニホンジカ（写真４・９）、加えて旧野首教会を中心とした丘陵など、野崎島特有の風景を眺望できる視点場が把握された。その結果、道路整備の方針として「来島者の安全確保を優先しつつ、野崎島特有の景観を保全すること」が共有され、観光客増加に対応した幅員拡幅を目指すのではなく、幅員は管理用車両（軽トラック）の通行可能な２・０ｍとして現状の地形を大きく改変しないこと、さらに道路のコンクリート舗装も洗い出し仕上げにすることなどが決定されている。

さらに第２回目の現地踏査および打ち合わせでは、環境省の自然保護官に同行して頂き、前述した景観資源の把握結果を踏まえながら、舗装材料の配合、石積の材質や構造などの詳細な改修方針を現地にて検討している（写真４・10）。これにより、ニホンジカによって荒らされる石積の損傷部に対し、現地の転石や落石を使用したうえで、裏込めにモルタルを使用した練積みによって再崩壊を防ぐとともに、モルタルを表面に出さない配慮が提案された。法面の風

写真 4・7　長崎県小値賀野崎島の風景

写真 4・8　旧野首教会

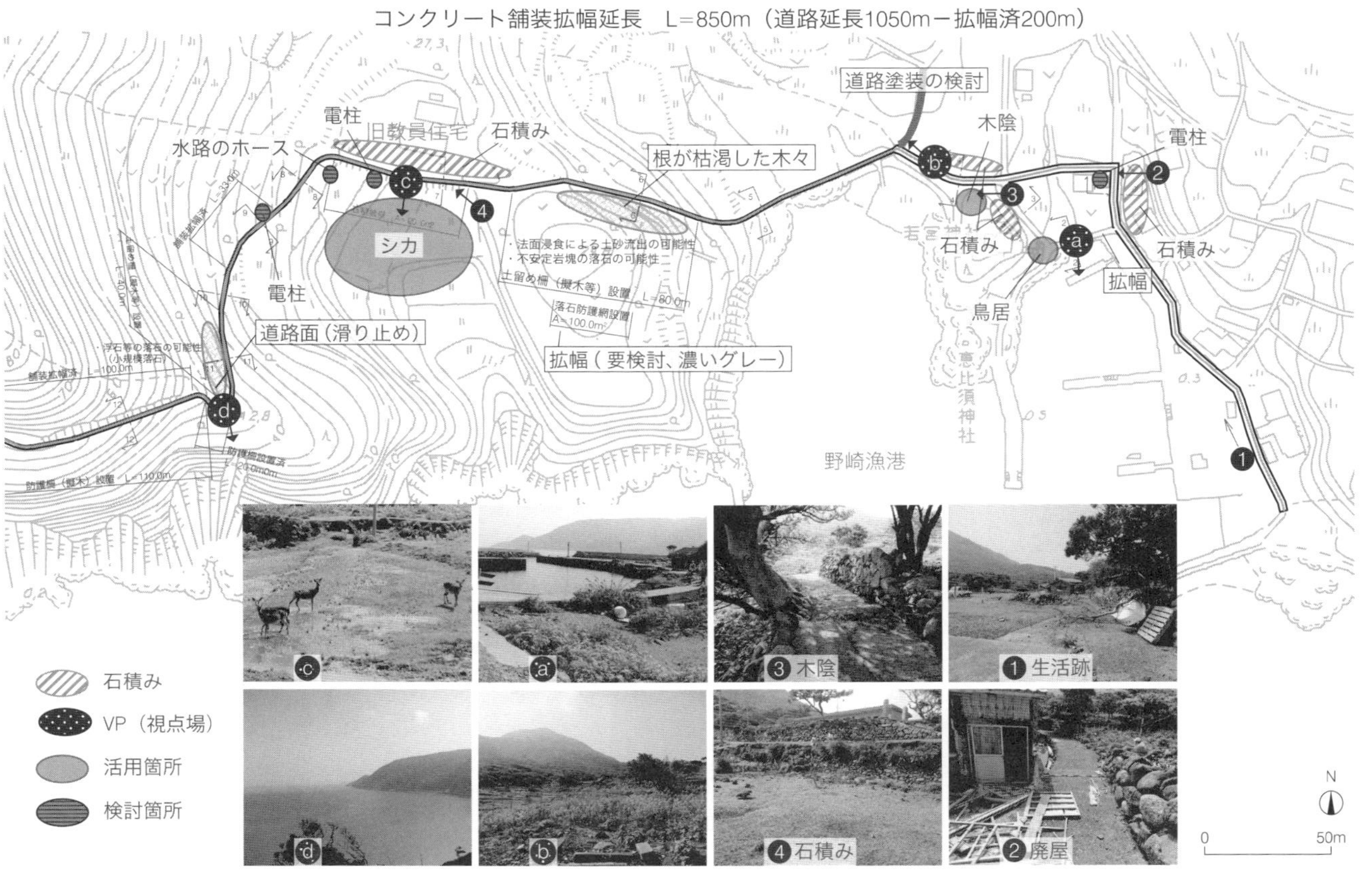

図 4･1　野崎島の景観資源と視点場

化に対しても、ニホンジカが嫌う植物とワイヤーネットを組み合わせる対策が打ち出されている。

また転落防止柵についても、当初検討されていた擬木製品をやめ、できるかぎり支柱頭部の突出しないシンプルかつ周囲に溶け込む着色が提案された。実のところ、道路付属物となる柵の強度基準を「車両」対応とするか否かは議論があった。結果的には「将来、来島者が増加したとしても一般車両の乗り入れはないこと」「歩行者への安全対策を最優先すること」が承諾され、「歩行者」の転落を防止する強度で1・1mの鋼製の柵が施される案が導かれた。

一方、先述した落石などの危険箇所に関する安全対策工に対しても、対策工自体が目立たない案が目指され、ワイヤーネット掛工の採用が導かれている。加えて野崎島固有種のオオイタビなどを植栽し、それらが繁茂することでワイヤーの露出を抑えることも提案された。またカゴ枠による落石防護擁壁も考案された一方で、粘性土による表層崩壊の程度が低い斜面に対しては、現地石材を利用した簡易的な土留めを実施する案で決定がなされた。

本事業では、野崎島特有の景観資源の把握作業を通じて、安全対策を検討すべき箇所と景観検討上の要所を重ね合わせることで、道路整備における安全面と景観面の両立が図られた。道路沿いの木

写真 4・9　島に生息するニホンシカ

写真 4・10　野崎島での現地踏査

立がつくりだす居心地の良い場所など、いわば看過されやすい小さな景観の要所と高低差の険しい箇所、落石・崩壊などの危険箇所が同一地図上にプロットされたことで、安全対策と景観資源の保全が同時並行的に議論された成果とも言える。防災と景観は一見全く異なる議論のように見えて、実は関係性が深く、両立できる（しなければならない）ものなのである。世界遺産登録による観光客増加の想定に対し、過剰整備を抑え、価値が認められた野崎島の本来の風景を守る整備計画に結実したことは大きな成果といえる。

2 ― 住民と観光客のコミュニケーションを促すサイン整備

小値賀町では、２０１４年度から小値賀島と斑島（まだら）の全域を対象とした誘導サインの再整備が行われ、設置するサインのデザインや設置箇所、サインに記載する地区名・地名を住民ワークショップで決めている。表４・２は実施された現地踏査およびワークショップの内容を時系列的に示したものである。まずは徹底した現地踏査が行われ、既存サインの状態および設置箇所、道に迷いやすい箇所が把握された。これにより様々な形や色の混在さらにそれらサインの劣化が著しく、文字の塗装が剥がれているものや支柱が折れて地面に置いてあるものなど、サインとしての機能を果たしていない状態が確認された（写真４・11）。

これらの結果を踏まえ、小値賀町役場で行われたワークショップでは、住民自ら地図上にサイン設置の必要な場所をプロットし、優先順位を合意形成しながら、設置箇所が決められていった。またサインに記載する情報についても、単に地名だけでなく、普段観光客から道を聞かれた際によく使う集落名や

写真 4·11　小値賀町内の既存サインの現状。劣化して機能しなくなっていた

表 4·2　小値賀サイン整備における現地踏査およびワークショップの内容

日程・協議・作業内容	成果（意見）・決定事項
【2014.8.28 第 1 回現地踏査】 ・既存サインの大きさの測定 ・現状把握	【既存サインの現状】 様々な色、形状のサインが混在／塗装の剥離や錆等の劣化を確認
【2014.8.28 第 1 回 WS】 ・誘導サインの記載項目の検討 ・設置箇所の検討	【外観】 茶色の下地に白色で印字／材質は木材が良い／看板の大きさは既存のものより大きく先行事例（熊本県小国）より小さい 【情報】 番号、方向、距離、現在地、名称、地区名を記入／情報が多いと分かりづらい／サインの最上部に地区名を記載／県道沿いの古い案内板を撤去 【設置箇所】 サインの設置箇所は全班に共通してあげられた「笛吹」や「浜津」等、全部で 6 箇所
【2014.11.20 第 2 回 WS】 ・大学が提示したサインの再検討 ・表記する内容の検討	【設置箇所】 設置箇所を新たに2箇所追加し、全8箇所でサインを施工することが決定 【デザイン】 あえて小さなサイズのサインをつくり、立ち止まって見てもらう／字体は提案通りメイリオ／地区名は他の文字より大きくした方が良い／サインのサイズは H150 × W50cm に決定
【2014.12.18 第 3 回 WS】 ・設置箇所等におけるサインの最終検討	【記載内容の修正】 笛吹地区の神社前のサインには斑島の記載が必要／中国語の文字化けを修正／浜津地区は同じ箇所に 2 基設置／前方地区には「空港」より「赤浜」を記載

坂などが情報として盛り込まれている。すなわち、島民と観光客との交流やコミュニケーションを促す視点から、サイン情報の見直しが図られたのである。

さらに原寸大モデル（H１５０cm×W50cmとH２００cm×W66cmの2パターン）を用いて、色、材質、大きさなど、ワークショップ参加者全員で最終デザイン案の確認を行っている（写真4・12）。実はその際、役場から材質についての提案があり、製作日数などや施工も簡便なスチール製サインでどうかとの話があった。これに対し住民からは「小値賀の自然に馴染む木製のサインにこだわるべきだ」との意見が多数挙げられ、最終的にサインの材質は木材が選択されている。またサインには小値賀が観光振興策として力を入れている「古民家ステイ[*10]（写真4・13）の壁色にあわせた黒褐色の塗装と白の印字が施されている。

一方、現地踏査から明らかとなった海風による既存サインの結合部の腐食対策として、新たなサイン形状には結合部を少なくすることが求められた。そのため、部材の接合部を極力省き、かつ情報を多く記載できる縦長の集成板が採用された。また記載する文字ならびにサイン自体の大きさについても、島を回遊する際に貸出自転車を利用する観光客が多いことから、車のドライバーからの視点だ

写真 4･13　古民家ステイの壁色に合わせたサインがデザインされた

写真 4･12　小値賀町でのサイン検討のためのワークショップ

けでなく、自転車の利用者目線に配慮することで話し合いがなされた。結果的にはサインの高さを150cmのヒューマンサイズに抑え、観光客に島をのんびり回遊してもらえるよう「サインに近づき立ち止まってもらう」スローペースの観光行動を促すメッセージが込められている。また先述したように住民が小値賀町を容易に案内できるよう、集落を示す地区名をサインの最上部に記載し、地区名と目的地となる地名の間を区切るために海の水平線をモチーフとした3本のラインを取り入れている（写真4・14）。

さらに小値賀のサイン整備の特徴として、SNSの活用が挙げられる。実は整備の2年目に、新設した誘導サイン（予定を含む21基）の地名を全て抽出し、得られた全26地名を用いてツイッター上でのキーワード検索を行っている。約50万ツイートの確認結果から、誘導サインで記載回数の少なかった「五両だき」「ポットホール」「姫の松原」がツイート数では比較的多く、特に「五両だき」は写真のみのツイートが多い結果が得られた。同様に「サンセットポイント」に関するツイートは1件であったのに対し、「夕日」に関するツイートは17件、このうち写真付きは15件であった。しかし、サンセットポイントから撮影された夕日の写真は確認されず、小値賀の夕日に対する観光価値の高さに比べ、サンセットポイントの名

写真4·14　新設された小値賀島内のサイン

写真4·15　サンセットポイントの夕日

所としての認知度が未だ低いことが推察された。

これらのことから、最終年度のサイン整備では「サンセットポイント」の掲出を敢えて増やすなど、小値賀町の観光戦略へのフィードバックが実現した（写真4・15）。今後のブランドづくりにとって、当該地域がどのように見られているかを調べるのに、ネット世界での傾向把握は重要な情報源といえる。SNSに投稿されやすい（つまり検索に引っかかりやすい）風景は小値賀の売りとしてイメージアップする可能性も高く、ネット社会と現場の観光戦略の連動は今後ますます重要になってくるだろう。

日常の風景を守る仕組みづくり
——長崎県の取り組み

1—公共事業デザイン支援会議

次に、ブランドづくりを目指す自治体が、仕組みや制度によって良好な公共施設の整備を導く先行事例をご紹介しよう。まず景観保全などが重要視されるエリアで、公共事業を個別に審議、場合によっては研究者やデザイナーなど特定のアドバイザーを派遣する長崎県の「公共事業等デザイン支援会議」を挙げる。

長崎県は2003年の「長崎県美しいまちづくり推進条例（2011年に「長崎県美しい景観形成推

進条例」に移行[こ]）」の施行に伴い、公共事業に対するデザイン支援制度を立ち上げた。[*11] ご存じのように長崎県は「長崎と天草地方の潜伏キリシタン関連遺産」として、世界遺産の登録を目指している。上記制度は世界遺産候補のコアゾーン又はバッファーゾーン内、あるいは重要文化的景観に選定された地域や景観計画の重点区域内の整備事業に対し、専門家で構成される「デザイン支援会議」が審議、指導・助言する（図４・２）。また先述したように事業ごとにアドバイザーを選定するケースもあり、個別の相談、指導を現地で受けながら事業が進められるところも特徴の一つである。発足から既に15年が経とうとしている本制度の事業実績は、２０１５年度時点で事業・工事を含め１００件にのぼる。事業内容も、道路や河川の護岸改修、砂防ダムや港湾の浮き桟橋、駐車場、公園トイレなど、多岐にわたっている。筆者は２００７年から２０１４年まで本支援会議の委員を務め、アドバイザーの職務も担っ

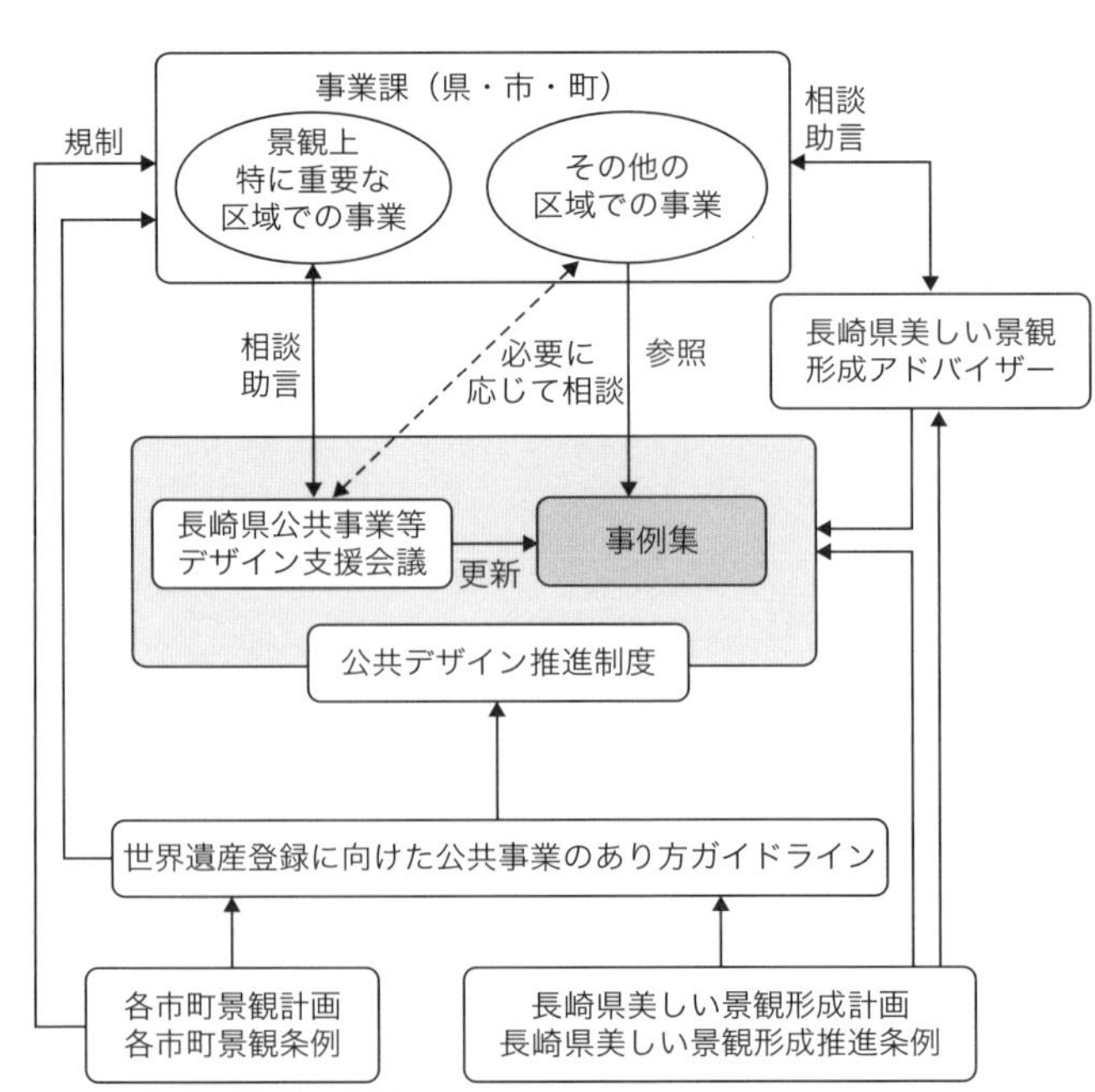

図 4·2　長崎県デザイン支援会議の体制図（出典：長崎県『景観に配慮した公共事業事例集』長崎県企画振興部まちづくり推進室、2016）

た。

いくつか特徴的な事例を紹介したい。まずは重要文化的景観に選定されている長崎県新上五島町の県道津和崎立串線（延長60m、幅員6・0mの一車線歩道無し）の拡幅・道路改良工事（津和崎工区）である。どこにでもありそうな道路改良工事ではあったが、本工区は先述した重要文化的景観に選定された区域内として、デザイン支援制度の対象事業となった。ここでは山あいを走る本県道の拡幅に伴い、擁壁と側溝の設置が求められ、周囲の自然的な景観にどのように配慮していくかが検討された。特に事業費用の関係で白いブロック積み擁壁を採用せねばならず、その圧迫感をどのように軽減すべきかが議論となった。

会議によるアドバイスの結果、擁壁の高さが目立つ箇所には、工事によって現場から発生する石材を擁壁と側溝の間に敷きつめ、そこに客土を詰めてナツヅタを植生させ、擁壁面を上に這わせる処理を施した。これにより、白浮きしたブロック擁壁の圧迫感を緑化によって軽減する効果を導いた（写真4・16）。一般的な道路改良工事であっても、ちょっとした景観配慮の工夫が入ることで、周囲にある風景と馴染んだ道路整備につながった。

上五島では同じく世界遺産登録を目指す頭ヶ島天主堂につなが

写真4・16　ナツヅタを這わせた道路擁壁（提供：新上五島町役場）

る町道白浜線においても、排水溝設置に対する景観アドバイザーの助言が要請されている。排水溝の蓋が白く目立つ、いわば施工直後のコンクリート製品によくある存在感の軽減について対策を講じたいとの内容であった。当時は世界遺産登録に向けた教会群に対する現地審査が間近であったため、アドバイザーからの現地指導、助言をすぐに求めたいとのことでもあった。ここでは排水溝の製品化の段階から、少量の顔料を混ぜる対策が提案され、顔料を何パーセントの割合にするか、試作品をつくって、現地で確認、検討している（写真4・17）。景観整備とは何も優れたデザイン（スーパースター）を誕生させることばかりではない。こうしたどこにでもある土木工事に対する地道な配慮の積み重ねが、優れた景観をつくっていくのである。

また後述する長崎県五島市の久賀島においても、島の南西部、田浦港近くの県道の拡幅・改良工事がデザイン支援制度の対象となっている。ここでは護岸の前出し、側溝・防護柵の設置が協議され、デザイン会議からは、現状の護岸が石積であることから、修景ブロックではなく、石積による護岸整備が提案されている（写真4・18）。また透過性が高いガードパイプを採用し、海への眺望を阻害しない防護柵が設置された。側溝に対しても、砕石を敷き、側

写真 4・17　アドバイザーによる現地指導（排水溝の色味を決める顔料検討）

写真 4・18　デザイン支援制度が活用された久賀島田浦港近くの県道改良工事

溝自体があまり目立たないよう工夫が施されている。

長崎県によれば、これら景観に配慮した整備を、コストアップを伴うことなく実施できたことが報告されている。[*12] 現地で取れる材料を活かすこと（周囲の景観との馴染みも良い）、さらに設置する構造物の形式自体に対する考え方の転換など、景観保全のやり方によってコストが抑えられる事業は意外に多いのである。

2 文化財としての島の景観保全
――五島市久賀島

先述した久賀島は、重要文化的景観に選定された面積約38km²の離島である（図4・3）。人口は376人（2014年3月末現在）で、斜面に築き上げられた棚田（写真4・19）や、国の重要有形文化財であるとともに、世界遺産登録の構成資産である「旧五輪教会堂」があることで有名な島である。広大な原生林や大木も見られ、なかでも

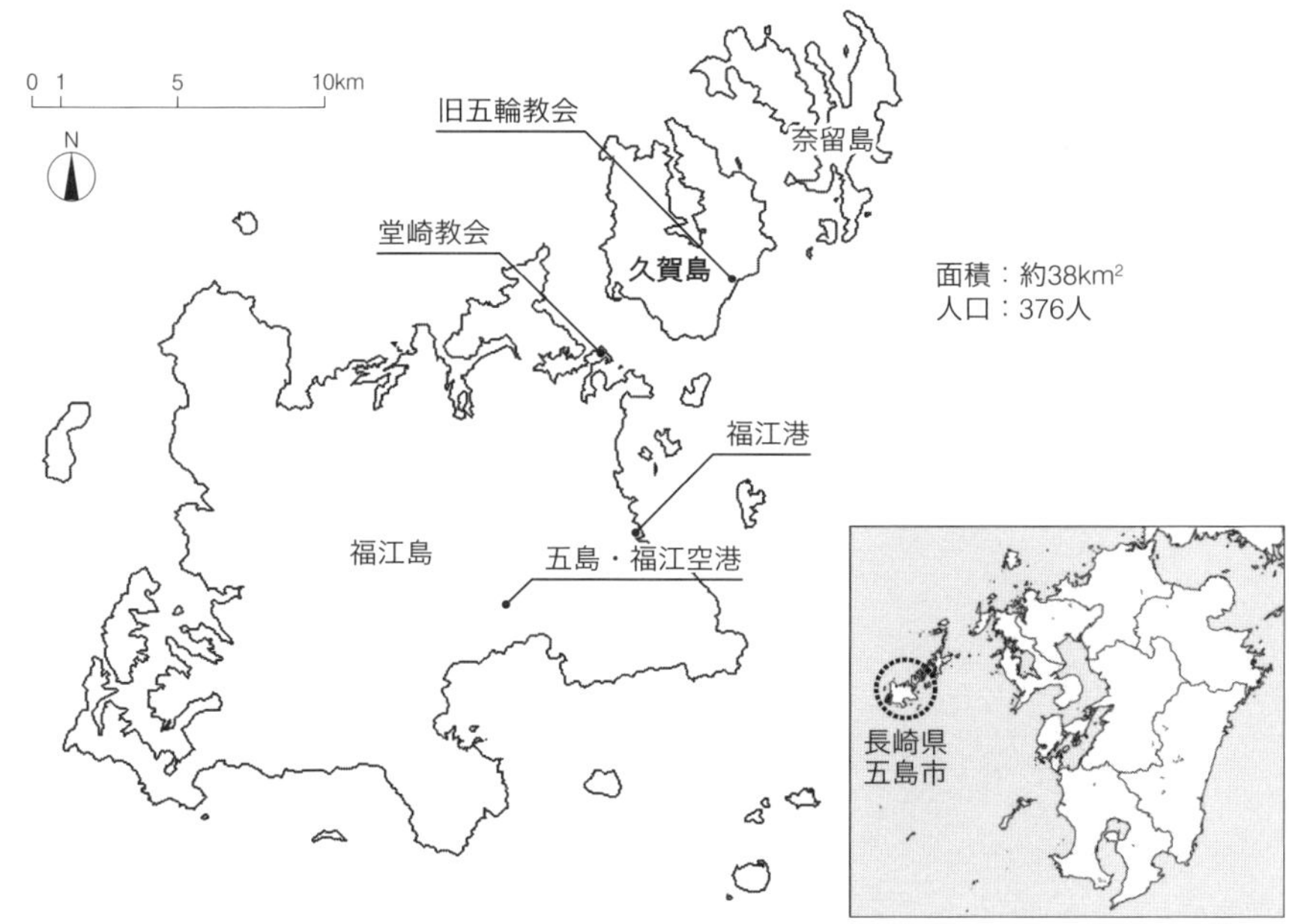

図4･3　長崎県五島市久賀島の位置

椿は、島民が実の採取日設定や伐採制限など、島独自のルール（条例）をつくり、大切に継承してきた。[*13] 一方、過疎化に苦しむ久賀島は「久賀島まちづくり協議会」を設置し、観光と暮らしの共生を基本テーマとする「久賀島景観まちづくり計画」を策定、[*14] さらに椿油と棚田米を活かした特産品開発や地域づくり活動に取り組む住民組織「久賀島ファーム」を設立して、島の活性化を図っている。

しかし、重要文化的景観選定後に発生した台風や大雨などの災害により、選定区域内の土砂崩れや石積の崩落が相次ぎ、その修復事業において、文化的景観価値を損なわない整備のあり方が問われるようになった。また地域振興や活性化を目指す住民からすれば、文化的景観の意味や価値は分かりにくく、規制に対する不安や、景観を保全することのメリットが分かりにくいとの声もあがっていた。こうした状況から、五島市は２０１３年３月に島の活性化を目指した「五島市久賀島の文化的景観整備活用計画」を策定し、島の文化的景観を守りつつ、島民が島で暮らし続けることのできる仕組みづくりを進めている。

本活用計画に基づき五島市は、「『久賀島の文化的景観』整備活用委員会」を発足し、[*15] 民俗史や土木景観、建築などの専門家による現地視察とともに島内の社会基盤施設の整備方針について審議、指導

写真 4・19　久賀島の棚田

を行う仕組みを運用している（表4・3、写真4・20）。年に3回ほど開催される委員会では、道路整備から災害防除事業、圃場や駐車場、トイレなどの施設整備に加え、古くからある藤原邸の再活用や自動販売機の色彩検討まで、多岐に亘る審議と指導が行われている。前述した長崎県のデザイン支援制度と同様に、景観保全に直接向き合う基礎自治体に、こうした事業ごとの設計、施工方法に関する検討、調整の場があることは、景観法の理念にも適っている。すなわち、基礎自治体が先導し、地域の特色に応じたきめ細かな方策を実現できるとともに、職員の景観に対する意識と施工の技術、知識を向上させる機会にもつながる。

写真4・20　整備活用委員会による現地視察

年度	回	現地確認と議題	審議概要
2016	第1回	①旧五輪駐車場整備事業の確認	実施された駐車場の舗装等、現地確認
		②市道久賀7号線道路舗装補修事業の確認	破損しているガードレールの取替えとコンクリート舗装の補修、施工について確認
		③市道久賀7号線道路整備事業の確認	実施された市道久賀7号線の道路整備状況を確認
		④一般県道久賀島線道路災害防除事業（蕨地区）の確認	石積工だけでなく、粗面ブロックの使用等に関する周辺景観への配慮、コンクリート使用における注意点を協議
		⑤一般県道久賀島線道路災害防除事業（久賀地区）の確認	粗面ブロックの使用に関する配慮事項、コンクリート使用時の注意点について
		⑥河川管理用道路舗装（市小木地区）の確認	河川管理用道路の簡易舗装を確認。新たに発生する法面や切土面、護岸が最小限となるよう設計方針を確認
		⑦一般県道久賀島線道路舗装補修（田ノ浦地区）の確認	田ノ浦集落から田ノ浦港に通ずる道路の保全方針を確認
		⑧市道久賀18号線道路舗装（田ノ浦地区）の確認	路面舗装の確認。ツバキ林へのアクセス道路の整備方針について、ツバキ実採取や樹林の維持管理に配慮することを再確認
		⑨大開・市小木圃場整備事業の確認	圃場整備事業にかかる棚田や水田景観の改変について再協議。高低差解消に伴って発生する法面等の既存石積みを踏襲した工法を検討、確認
		⑩大開・田ノ浦牛舎建設事業の確認	牛舎の色彩、形態意匠について確認
		⑪市道永里久賀線道路整備事業	路面舗装の整備方針、道路側溝整備のみの道路改変とする方針を確認
		⑫農道久賀線舗装補修事業	農道久賀線の舗装状況を確認、補修整備の方針について
		⑬一般県道久賀島線道路災害防除工事（浜脇）	新設、改良工事の景観に対する影響と配慮方法について
		⑭田ノ浦海岸自然災害防止事業	護岸復旧に用いる石材について、現地採取、島内石の流用、石材購入の優先順位により材料を確保、施工地に隣接する積み方を踏襲した石積みについて
		⑮藤原邸の進捗状況報告	活性化拠点施設のランニングコスト、継続的運用について協議
	第2回	①久賀島基幹トイレ整備事業（郵便局前／藤原邸前）	基幹トイレの設置場所を決定。植栽を極力残し、緑化を図るなど、整備方針について協議
		②自動販売機の設置基準の検討	自動販売機の設置に当たっては隣接する建築物との調和を図り、島内の自動販売機8台の色の入れ替え（ダークブラウン）について日塗工を基にした色の提案
		③奈留島の文化的景観の取組みについて	来年度からの奈留島に対する文化的景観の取り組み、現地調査と期間、文化庁との協議について
	第3回	①田ノ浦漁港A桟橋補修	老朽化が著しい浮き桟橋、連絡橋の整備方針について
		②久賀島基幹トイレ整備	基幹トイレ整備事業の整備の具体的方針について
		③猪之木牛舎建設	畜産業の振興を図る牛舎建設事業の色彩、形態意匠等に関する配慮事項について
		④奈留島の文化的景観の取組みについて	次年度の奈留島調査の方針、期間、資料に関する検討、協議
2017（6月まで）	第1回	①旧五輪教会堂付近遊歩道整備事業	旧五輪教会につながる護岸上の遊歩道改修と整備方針について
		②藤原邸整備事業の確認	藤原邸整備事業の進捗と修正案の確認、協議
		③普通河川骨喰川災害復旧事業	2016年9～10月の豪雨によって被災した河川施設の復旧事業の確認
		④普通河川永里川災害復旧事業	2016年9～10月の豪雨によって被災した河川施設の復旧事業の確認
		⑤河川管理用通路転落防止柵（市小木地区）	河川管理用通路に設置していた転落防止柵の老朽化に伴う柵の取り替えについて
		⑥一般県道久賀島線道路災害防除事業（久賀）	災害防除事業の施工現場を確認
		⑦奈留島の江上地区(江上集落)／大串地区（大串集落）／汐池地区（汐池集落）／椿原地区（椿原、東風泊集落）の調査事業について	文化庁協議結果の確認、調査事業の取り組み、文化的景観の選定基準、自然･地史学的な要素としての位置づけについて
		⑧屋外広告物是正指導基準について	久賀島、五島市内における屋外広告物の規制について

表 4･3 「五島市久賀島の文化的景観」整備活用委員会に出された事業一覧（2015 ～ 17 年 6 月まで）

<table>
<tr><th>年度</th><th>回</th><th>現地確認と議題</th><th>審議概要</th></tr>
<tr><td rowspan="27">2015</td><td rowspan="17">第1回</td><td>①旧五輪教会堂付近駐車場整備事業</td><td>駐車場の舗装と背後の法面の施工方法、案内看板の設置について</td></tr>
<tr><td>②大開牛舎建設事業（大開）</td><td>牛舎の色彩、形態意匠について</td></tr>
<tr><td>③旧久賀小学校施設整備事業（トイレ改修・ガイダンス整備）（久賀）</td><td>旧久賀小学校におけるトイレ改修・ガイダンス整備に伴う外観の変更について</td></tr>
<tr><td>④旧藤原邸活用事業（久賀）</td><td>藤原邸を観光客の休憩施設として活用。外観の変更や整備方針など</td></tr>
<tr><td>⑤圃場整備事業（大開地区・市小木地区）</td><td>圃場整備における棚田、水田景観に使われている石積み保全、周辺の耕作地や石積み、既存法面との調和とその工法について。樹木の伐採に関する制限</td></tr>
<tr><td>⑥河川管理用道路舗装（市小木地区）</td><td>河川管理用道路の舗装ならびに路肩法面について</td></tr>
<tr><td>⑦田ノ浦待合所トイレ改修事業（田ノ浦）</td><td>待合所のトイレ改修の方針、待合所前の自動販売機の色の塗り替え、タンクの色の変更。エントランス部開放性向上、外壁塗装の塗り替えの検討</td></tr>
<tr><td>⑧田ノ浦牛舎建設事業（田ノ浦）</td><td>田ノ浦の牛舎建設事業の整備方針について</td></tr>
<tr><td>⑨一般県道久賀島線舗装補修工事（田ノ浦）</td><td>一般県道久賀島線の舗装補修工事の方針、施工方法</td></tr>
<tr><td>⑩五輪地区修景事業</td><td>五輪地区の電柱を移設し、旧五輪教会堂の景観を保全</td></tr>
<tr><td>⑪旧五輪教会堂防火防災計画策定事業</td><td>旧五輪教会堂の防火防災計画の策定について</td></tr>
<tr><td>⑫久賀 7 号線（蕨集落～福見集落間）道路整備工事</td><td>久賀 7 号線の法面の工法ならびに植生の方法について</td></tr>
<tr><td>⑬圃場整備事業（市小木地区ほか）</td><td>圃場整備にかかる石積みの保全、高低差解消に伴って発生する法面の工法について</td></tr>
<tr><td>⑭旧久賀小学校施設整備事業（久賀）</td><td>旧久賀小学校の活性化施設整備の方針について</td></tr>
<tr><td>⑬久賀診療所増築（歯科）建築・電気設備工事（久賀）</td><td>既存久賀診療所敷地内に歯科診療所（木造平屋建て、延べ面積 26.97m^2）増築をうけ、その高さ・色彩、屋根の勾配、既存樹木伐採の影響、浄化槽の新設・撤去について</td></tr>
<tr><td>⑮一般県道久賀島線道路災害防除工事（田ノ浦）</td><td>工事における等高線や地形に応じたやり方の検討、整備方針について</td></tr>
<tr><td>⑯藤原邸の活用ならびに久賀島ファームの活用推進事業</td><td>事業説明と施設利用に関する仕組み等について</td></tr>
<tr><td rowspan="7">第2回</td><td>①久賀 7 号線道路整備事業（蕨～福見地区）</td><td>車両離合等の安全性を高める道路側溝の整備とその進め方について</td></tr>
<tr><td>②一般県道道路災害防除事業（蕨地区・久賀地区）</td><td>豪雨時に崩落が起きている県道法面（一部土羽）を石積工によって防止、工法について</td></tr>
<tr><td>③旧五輪教会堂防災計画の検討</td><td>教会背後の急傾斜地の現地調査と必要な対策工について</td></tr>
<tr><td>④県営圃場整備事業の進捗状況</td><td>圃場整備の方針と現時点での協議結果について</td></tr>
<tr><td>⑤五輪周辺駐車場整備</td><td>駐車場整備にかかる現況の報告</td></tr>
<tr><td>⑥久賀小学校トイレ整備</td><td>児童向けのトイレを観光客に対応させるための整備方針について</td></tr>
<tr><td>⑦藤原邸の進捗状況</td><td>久賀島や久賀地区の観光に関する現状と課題、久賀島観光の回遊性向上策（ガイダンスや休憩施設の整備）と藤原邸の位置づけと基本方針、観光展開のイメージについて</td></tr>
<tr><td rowspan="2">第3回</td><td>①県営圃場整備事業の進捗状況の確認</td><td>事業における土羽、道路（ほ場整備区域内外）用水路等に関する設計方針について。竹林対策について。図面確認</td></tr>
<tr><td>②藤原邸整備活用基本計画・基本設計について</td><td>藤原邸に対する来訪者の受入れ施設の早期整備と観光・交流の拠点施設としての整備活用基本計画および基本設計の方針確認、修景維持活動や文化庁との協議について</td></tr>
</table>

3 行政職員と市民が共有する公共施設デザインガイドライン——五島市を事例に

五島市は文化的景観地区を含む「景観重要公共施設の整備指針（デザインガイドライン）」の策定も目指している。2013年の当初、「文化的景観」といっても、五島市民は勿論、役所に勤める技術職員でさえ、その意味や重要ポイントを十分語れる人は少なかった。つまり、前述のガイドラインを策定しても、ガイドラインを参照する行政職員個々人の判断や解釈によって、個別事業の設計、計画が多分に左右される可能性が想定された。また理解が乏しいことによって、ガイドラインが画餅に終わらないよう、ガイドラインの実効性を担保する工夫も求められた。

そこで筆者は、共同研究者の高尾忠志氏（九州大学准教授）とともに、表4・4に示すガイドラインの策定プロセスを提案している。ここではガイドラインの作成作業と並行しながら、行政職員に対するアンケート調査、さらに教育委員会や建設課など、各課を超えた「庁内勉強会（写真4・21）」を実施するとともに、ガイドラインの実用化に欠かせない連携者として、長崎県庁との協議も行っている。

写真4・21　庁内勉強会

表 4·4　景観重要公共施設の整備指針（ガイドライン）の策定プロセス

日付	内容	成果（意見）・決定事項
5/13 〜 31 アンケートの実施	・回答者について ・景観整備について ・庁内勉強会について	・回答者は 40 代の方の割合が多く、景観を学んだことが無いと答えた方が 17 人中 14 人いた ・景観に対して意識の高い回答が得られた ・ガイドラインに五島市独自の方針を示してほしい等の要望が得られた
8/22・23 第 1 回庁内勉強会	・五島市技術職員に対するアンケート結果の報告 ・講義「景観の基本と五島市の公共事業のあり方」 ・意見交換	・景観に配慮するとコストが高くなり、会計検査を通らないため専門家に説明の方法を教えてもらう ・五島市民にとっては当たり前のものなので何が大事なのか教えてほしい ・技術職員だけでなく関係職員にも勉強会に参加してほしい ・生態系に考慮したガイドラインにしてほしい
8/23 長崎県との協議	・本ガイドラインを策定することとなった経緯の説明 ・本ガイドライン策定状況について ・長崎県の取組 ・意見交換	・きめ細かいデザインは市で行った方が良い ・市が主導的に進めるには委員会を設置することが望ましい ・五島市の庁内勉強会には、県の職員も参加させた方が良い ・ガイドラインの素案を作成した段階で、もう一度県との打ち合わせを行う
10/20・21 第 2 回庁内勉強会	・講義「公共事業のデザイン検討における住民参加のポイント」 ・五島市の公共事業におけるデザイン検討事例報告 ・意見交換	・規模が大きな事業での住民参加はどのように行えばよいのか ・住民の意見を取り入れた結果できたものが、構造上安全なのか不安になる ・住民の意見を反映させることは大切だが、反映させすぎるのも良くないと学んだ ・ガイドラインの構成を聞かせてほしい
1/12・13 第 3 回庁内勉強会	・資料説明「景観重要公共施設の整備方針（素案）」 ・意見交換	・対象範囲の見直しをした方が良いのでは ・ガイドラインを実際に使用しモデル事業を行う ・対象範囲などの細かい規定は今後検討する ・施工後の管理についても今後検討の必要がある

表 4·5　五島市役所での庁内勉強会の全体プロセス

日付	8/22・23 第 1 回庁内勉強会	10/20・21 第 2 回庁内勉強会	1/12・13 第 3 回庁内勉強会
1 回目	五島市：建設課（5）、農業委員会事務局（1）、管理課（1）、農林課（1）、水道課（1） 【計 9 名】	五島市：建設課（3）、農林課（2）、管理課（1）、水道課（1） 五島振興局：道路課（3）、河港課（2）【計 12 名】	五島市：管理課（2）、建設課（1）、生活環境課（1）、文化推進室（1）、奈留支所地域振興課（1） 五島振興局：検査指導官（1）、道路課（2） 【計 9 名】
2 回目	五島市：建設課（3）、奈留支所地域振興局（3）、農林課（3）、水産課（2）、管理課（1）、生活環境課（1）【計 13 名】	五島市：建設課（3）、農林課（2）、水道課（2）、生活環境課（1）、奈留支所地域振興課（1） 五島振興局：河港課（1） 【計 10 名】	五島市：建設課（1）、水道課（1） 五島振興局：管理課長（1）、管理班係長（1）、建設班係長（1）、道路課（2）、河港課（2） 【計 12 名】
内容	五島市技術者職員に対するアンケート結果の報告 講義「景観の基本と五島市公共事業のあり方」	講義「公共事業のデザイン検討における住民参加のポイント」 五島市の公共事業におけるデザイン検討事例報告	資料説明「景観重要公共施設の整備方針（素案）」
成果（意見）決定事項	・景観に配慮するとコストが高くなり、会計検査を通らないため専門家に説明の方法を教えてもらう ・五島市民にとっては当たり前のものなので何が大事なのか教えてほしい ・技術職員だけでなく関係職員にも勉強会に参加してほしい ・生態系に考慮したガイドラインにしてほしい	・規模が大きな事業での住民参加はどのように行えばよいのか ・住民の意見を取り入れた結果できたものが、構造上安全なのか不安になる ・住民の意見を反映させることは大切だが、反映させすぎるのも良くないと学んだ ・ガイドラインの構成を聞かせてほしい	・対象範囲の見直しをした方が良いのでは ・ガイドラインを実際に使用しモデル事業を行う ・対象範囲などの細かい規定は今後検討する ・施工後の管理についても今後検討の必要がある

また庁内勉強会は計3回実施し、各回、同じ内容を午前と午後の二つの時間帯で開催している。各課の担当者が業務との調整をしやすくすることで、出席者数の確保に配慮した。第1回目の勉強会では、予め実施していた「五島市技術者職員に対するアンケート調査」の結果を報告し、景観の基本的な考え方と五島市公共事業のあり方について講義を行っている（表4・5）。

アンケートでは「景観に配慮するとコストが高くなり、会計検査を通らないため専門家に説明の方法を教えてもらいたい」「五島市民にとっては当たり前で気づきにくいことが多いので何が大事なのか教えてほしい」といった意見が出されていた。また第2回目勉強会からは、五島振興局（県庁職員）にも参加してもらい、県・市の連携と協力体制の強化を図った。ここでは「公共事業のデザイン検討における住民参加のポイント（第6章で述べる内容）」について講義し、さらに五島市における公共事業のデザイン検討事例を報告している。第3回目では景観重要公共施設の整備指針（素案）の内容について説明し、対象範囲の見直しや規定に関する詳細検討に対して、意見が出された。

こうした勉強会のプロセスを経ることで、多くの部署の協力が求められる景観施策ならびにガイドラインの実効性は勿論のこと、行政職員一人ひとりの景観や地域に対する意識向上につながったものと考えている。ガイドラインや各種ルールは、つくれば守られるという簡単なものではない。それらの指針や基準をつくっていくプロセスによって、守ってもらえる（もしくは理解してもらえる）下地をつくっていくことが、何より大切であることを覚えておきたい。

4 ―デザインガイドラインの実例と特徴

高尾氏と共に作成した本ガイドラインの特徴について述べておきたい。一つ目は、景観重要公共施設の整備に関する協議についてである。指針の1章ではまず「協議要領」として、景観法に基づく「景観重要公共施設」の指定について述べ、その整備に当たっては景観協議会を設置し、整備内容の協議を行うことを明記した。また「五島市の景観重要公共施設」として、市の景観計画に基づく、景観重要公共施設の指定について明確化している。さらに「協議対象行為」についても、景観重要公共施設の整備のうち、協議の対象となる行為として「景観重要地区」「文化的景観地区」「それ以外」の三つに分けて示している（図4・4、表4・6）。加えて「景観重要公共施設の協議の流れ」では、協議の手順を事業の要望、事前協議、計画素案の作成（基本計画）、予算確保・事業開始、事業計画作成（基本設計）、実施設計、工事着手、完工の8段階に分け、概説している。

また「五島市の景観重要公共施設」は「五島市景観計画」に示すとおり、市内の①主要幹線道路、②主要河川、③「文化的景観地区」内の道路、河川、港湾、漁港、④「景観重要地区」内の道路、河川、港湾、漁港を指定している。「文化的景観地区」「景観重要地区」の指定については、五島市景観条例第5条4項に「文化的景観地区及び景観重要地区を定めようとするときは、あらかじめ当該地区の住民の意見を聴くとともに、景観まちづくり計画（当該地区の良好な景観の形成及びまちづくりに関する計画をいう）を策定し、五島市景観審議会の意見を聴かなければならない」と定めた。本ガイドラインでは2012年3月時点で住民協議会により計画策定が行われた「久賀島地区」「奥浦地区」を「文化的景観

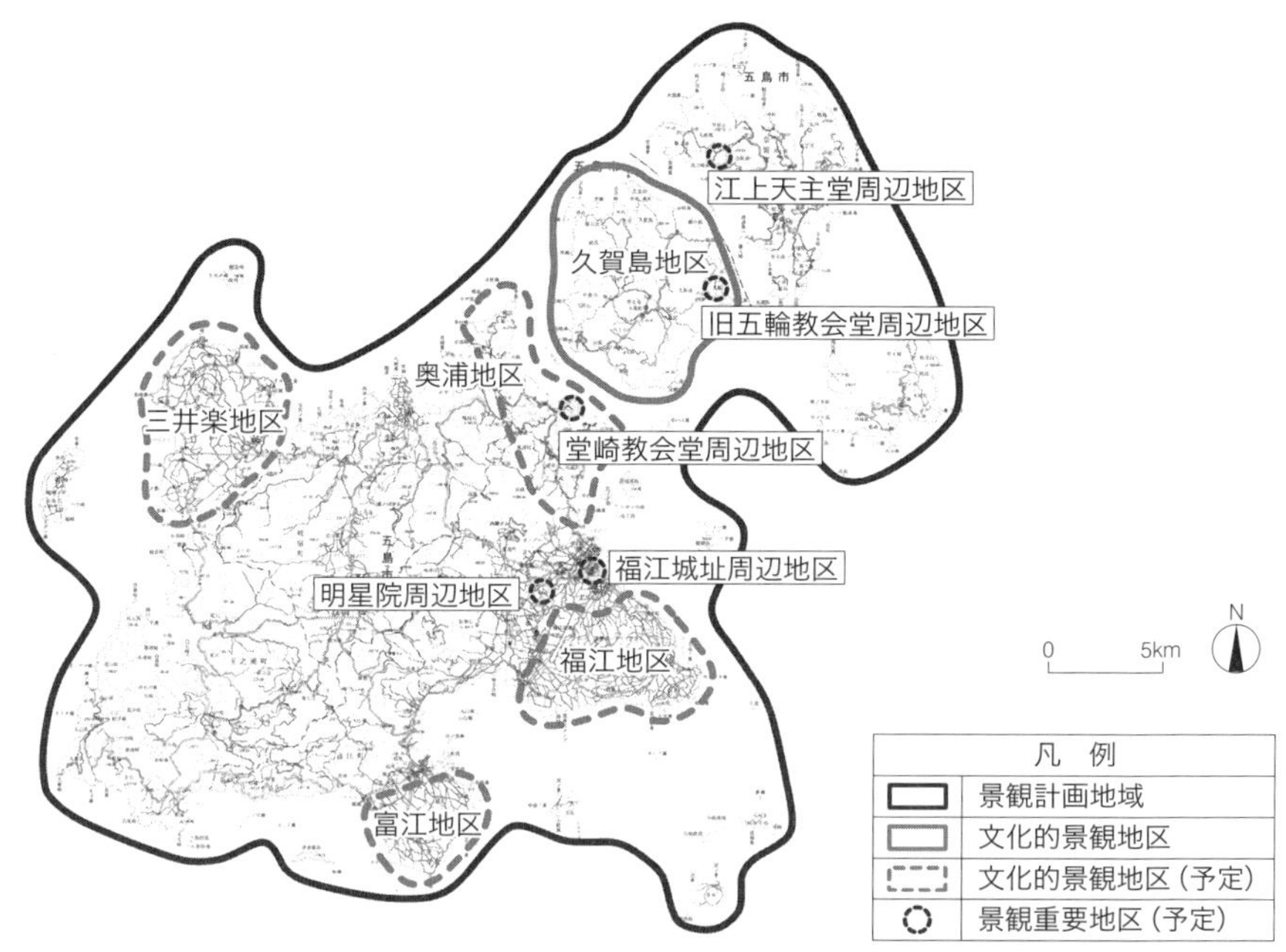

図 4･4　五島市景観計画における「景観計画区域」「文化的景観地区」「景観重要地区」

表 4･6　景観重要公共施設の整備における協議対象行為

行為	景観重要地区	文化的景観地区	左以外
道路・河川の新設、改修	全て	延長 30 m以上	延長 100 m以上
築堤の新設、改修、修繕	全て	延長 30 m以上	延長 100 m以上
護岸の新設、増築、改築、色彩の変更	全て	高さ 3 m以上、又は面積 100m² 以上	高さ 5 m以上、又は面積 300m² 以上
舗装の新設、増築、改築、色彩の変更	全て	延長 30 m以上、又は面積 200m² 以上	延長 100 m以上、又は面積 500m² 以上
ダム、堰等の新設、増築、改築、色彩の変更	全て	全て	高さ 10 m以上、又は面積 500m² 以上
防護柵等の新設、増築、改築、色彩の変更	全て	延長 30 m以上	延長 100 m以上
木竹の植栽、伐採、除却	全て	面積 100m² 以上	面積 300m² 以上
法面の保護、改修、修繕	全て	面積 100m² 以上	面積 500m² 以上
橋梁の新設、増築、改築、色彩の変更	全て	全て	延長 30 m以上
擁壁の新設、増築、改築、色彩の変更	全て	高さ 3 m以上、又は面積 100m² 以上	高さ 5 m以上、又は面積 300m² 以上
上記以外の道路付属物（道路標識、照明等）	全て	全て	高さ 5 m以上

地区」「旧五輪教会堂周辺地区」「堂崎教会周辺地区」「江上天主堂周辺地区」を「景観重要地区」とし、それぞれの地区における景観重要公共施設の整備方針を定めている。

二つ目は景観重要公共施設の整備方針の中身である。本ガイドラインではまず「景観重要公共施設の整備に関する基本的な考え方」として、景観公共施設の位置づけを国土交通省の「景観重要公共施設の手引き（案）」を用いて示し、「地区にとっての公共施設の役割・位置づけを理解し、地域づくりに寄与する整備を行う」「地区の歴史と景観を尊重しながら五島らしい良好な景観の形成に寄与する整備を行う」「市民や専門家と積極的に協議し、市民の十分な参加と理解を得ながら整備を行う」「地場の材料、植生を最大限に活用し、五島らしい整備を行う」の四つの基本的考

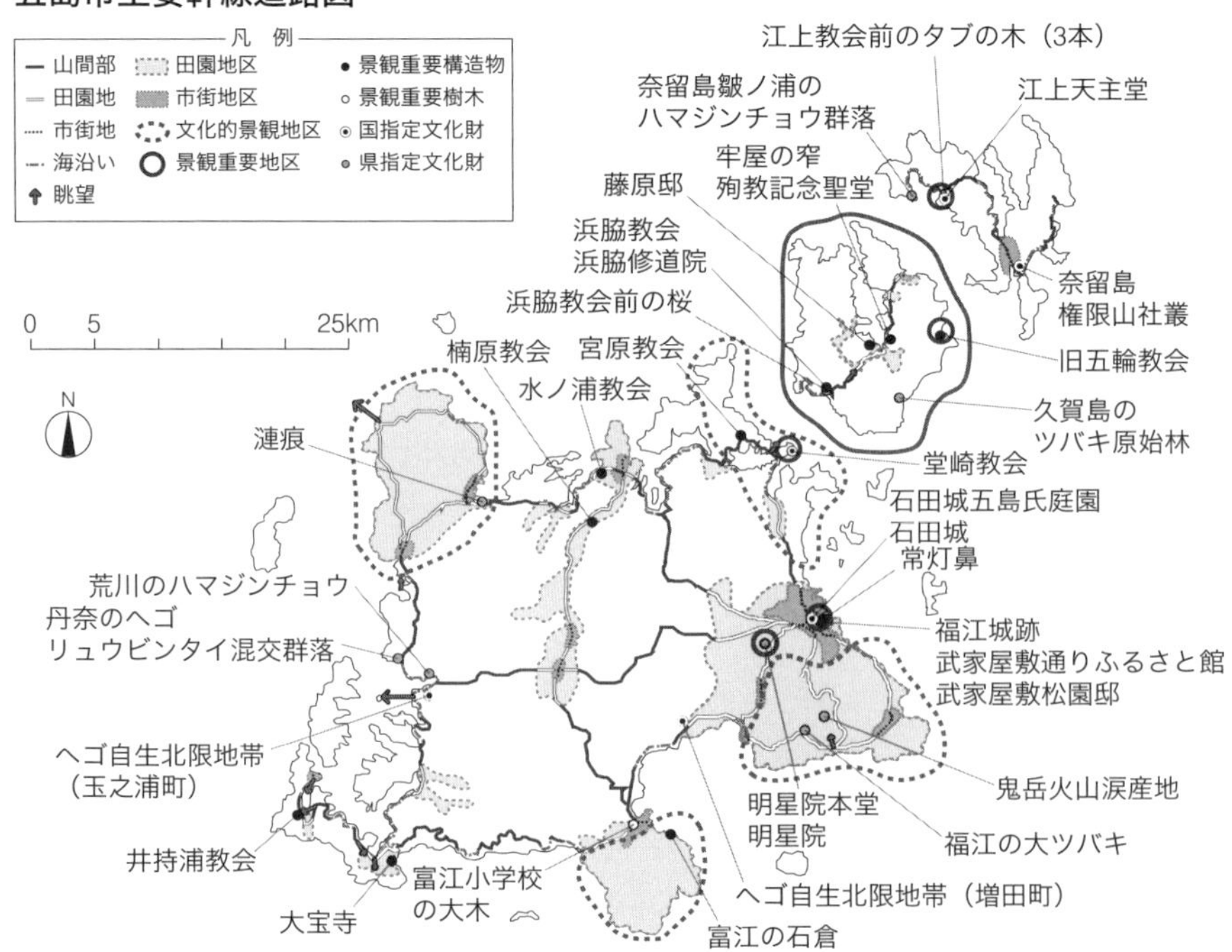

図 4·5　五島市の景観特性・景観資源図

え方を示した。

　さらに「五島市の公共事業における市民参加の進め方」を明記し、市民参加を充実させるための留意点として、「市民参加の手続き自体を目的化しない」「やみくもに意見を反映させる機械的な市民参加は本質的ではない」「市民との合意形成には設計・計画案の根拠となる説明の仕方が重要である」ことを概説し、併せて市民参加プロセスの先行事例を紹介している。また前述した文化的景観に対する職員の知識不足を補うため、鈴木地平氏（文化庁）の先行研究[*16]を参照しながら、文化的景観としての価値を損なわない整備のために「不可視的な価値」も文化的景観を価値付ける際には不可欠であることを解説した。文化的景観においては、それらを構成している要素同士の「関連性」が重要であるため、視覚的、空間的に一体でないエリアにおいても、意味的な関係がある場合、これらを一体的に整備する必要性のあることを丁寧に説明している。

またそのためには地区の社会や文化の歴史、地区

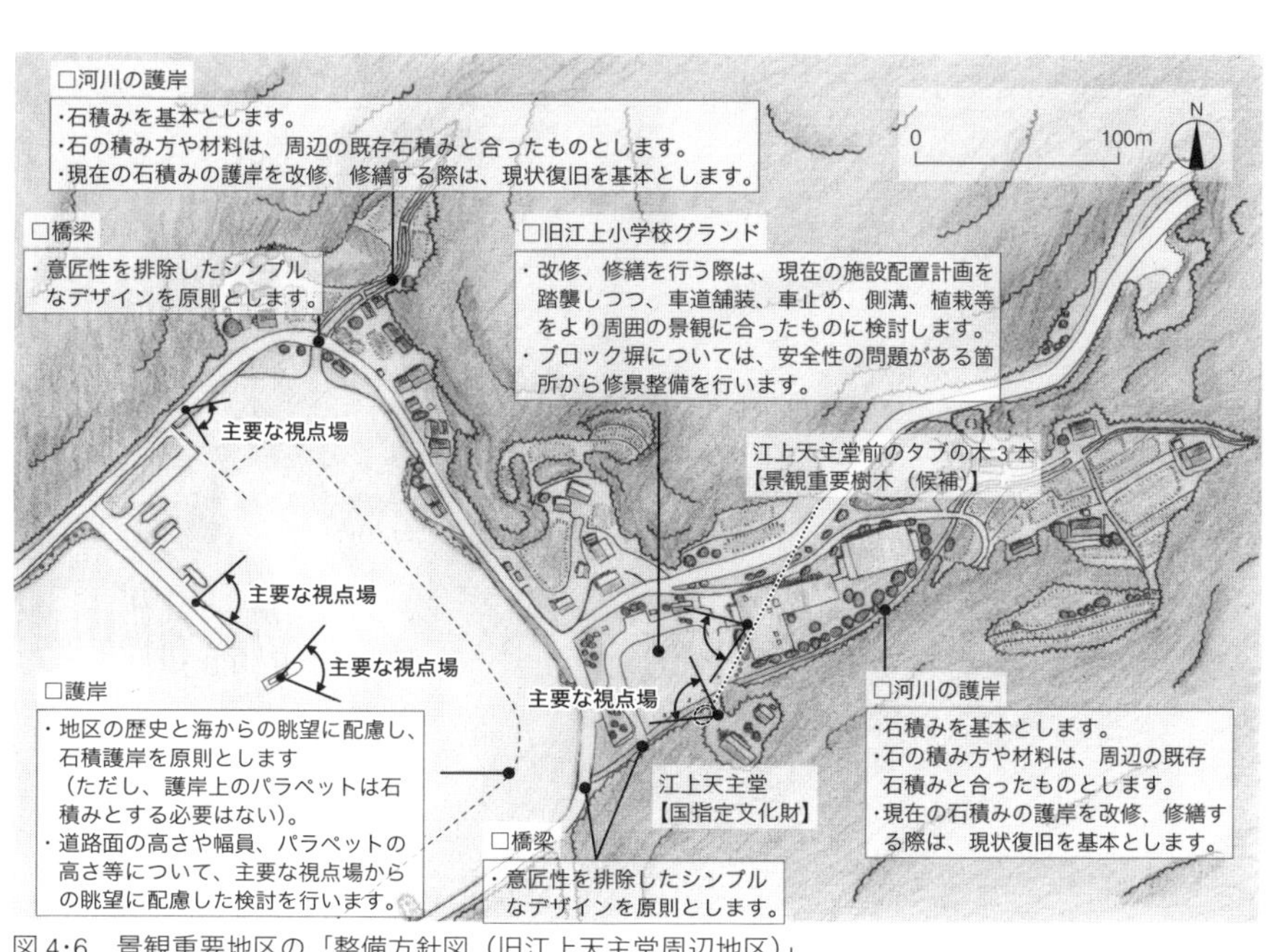

図4･6　景観重要地区の「整備方針図（旧江上天主堂周辺地区）」

住民の認識、現状の地域づくりの方向性に関する理解が不可欠であること、地区住民や専門家と協働しながら、十分な議論に基づいて整備を行う必要があることも明示した。

特徴の三つ目として、文章だけでは伝わりにくい地域資源の情報をより理解してもらうため、個別のエリアごとに景観特性・景観資源・整備方針のマップを作成し、掲載している。景観重要公共施設ごとの「景観特性・景観資源図」（図4・5）で文化財や地域資源などを明示し、さらに景観重要地区の「整備方針図」（図4・6、4・7）によって整備方針や視点場といった、より局所的かつ詳しい情報を載せる工夫が施されている。景観保全の方針を「分かりやすく」「ビジュアルかつ具体的に」伝えることでガイドラインの実効性と職員の活用可能性を向上させる狙いがあった。

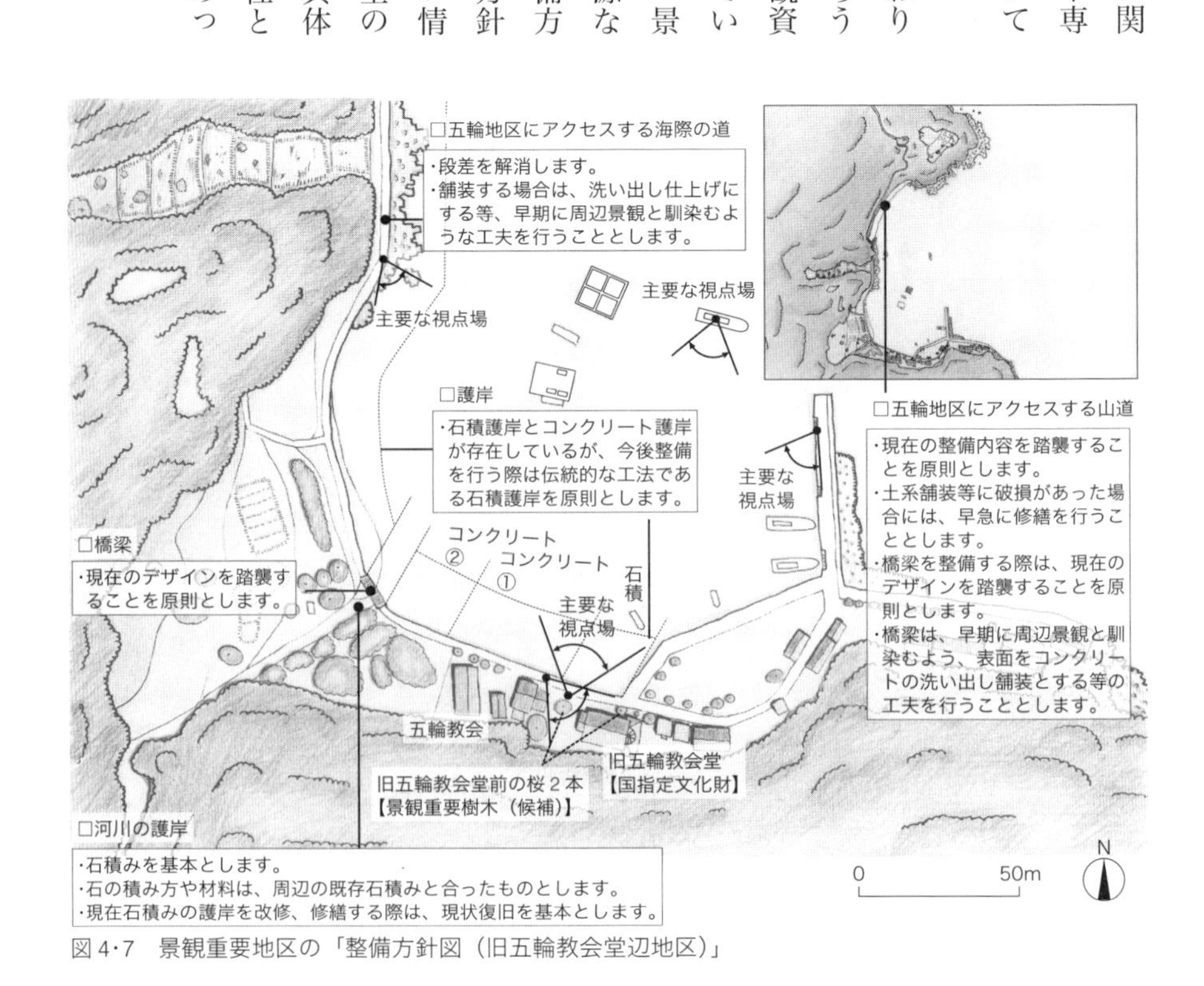

図4･7　景観重要地区の「整備方針図（旧五輪教会堂辺地区）」

5　景観アドバイザー制度——宗像市

しかし、こうした制度や仕組みによって、地域ブランドとなる景観の保全や公共空間のデザインの質を保持していくことに限界もある。景観配慮の方向性が行政職員の意識によって左右されるケースは何度も述べたが、そもそも公共空間の整備においては、調査、設計から施工まで、長期にわたるものが多い。すなわち、その間に行政担当者が異動するケースも多く、引き継ぎがうまくいかないことも往々にしてある。事業を丁寧に持続的にマネジメントできる「人」がいるかどうかは極めて重要だ。

これに対して景観アドバイザー制度は一つの対応策といえるだろう。景観アドバイザーは自治体毎に定義や性格が違うものの、景観重要公共施設などの事業毎に、アドバイザーに委嘱された専門家から、細部に対する助言や、場合によっては事業担当者との密な連携によって、具体的なデザイン提案を受けられる仕組みである。行政担当官が異動しても、アドバイザーとの関係性が継続していれば、持続的な現場のチェックがなされ、前述した景観保全整備の質を担保できるというわけだ。2017年に「宗像・沖ノ島と関連遺産群」の世界遺産登録を目指している福岡県、宗像市、福津市は「宗像・沖ノ島と関連遺産群」景観デザイン会議を設けているが、そのなかで宗像市はかなり早い段階から景観アドバイザー制度を設け、個別の事業案件に対する丁寧な審議と設計方針に対するアドバイスを受けている。ここでも前述した五島市と同じく、景観重要地区内の様々な整備案件が議題とされている（表4・7）。

年に3回ほど開催されているアドバイザー会議において、各案件に対する助言が行われているが、案件によっては県や電力会社の担当者が説明に当たる。宗像市では一般的に多くの自治体が設置している

年度	会議（日時）	議題	対象区域	概要
2015	第10回会議 (2016/2/24)	①鐘崎漁港整備事業	重点区域Ⅲ	鐘崎漁港へのアクセス道路の整備
		②公共施設景観形成ガイドラインについて	—	作成を予定している旨の説明
		③景観ガイドラインについて	—	市民向けガイドライン策定における留意点等
	第11回会議 (2016/3/17)	①深田排水区雨水管渠築造工事について	重点区域Ⅰ	2015年度第6回の継続審議
		②県道69号線防護柵設置について	重点区域Ⅰ、一般	防護柵の色彩
		③景観ガイドラインについて	—	ガイドライン案について意見聴取
2016	第1回会議 (4/15)	① JAカントリーエレベーター移転について	一般	2015年度第9回の継続審議
		② JR東郷駅駅舎改修について	一般	JR東郷駅の駅舎改修に関する意匠協議
		③運動公園広場公衆トイレの設置について	重点区域Ⅰ	重点区域Ⅰに新築する公共施設
		④地島漁港シェルターの設置について	重点区域Ⅱ	船舶着岸岸壁に設置する通路シェルター
	第2回会議 (6/10)	①大島保健福祉センター増築について	重点区域Ⅱ	保健福祉センターの増築に係る意匠協議
		②荒開住宅集会所新築について	重点区域Ⅰ	市営住宅内の集会所の新築
		③運動公園広場公衆トイレの設置について	重点区域Ⅰ	2016年度第1回の継続審議
		④ＪＲ東郷駅宗像大社口駅前広場について	一般	道路舗装、シェルター、照明柱
		⑤高さ制限を超えるコンクリート電柱の建設について	重点区域Ⅰ	安全確保のため10m以上の高さを確保することが必要
	第3回会議 (8/23)	①鐘崎連絡所新設工事について	重点区域Ⅲ	さつき松原における鐘崎連絡所の新設
		②上八交差点ラウンドアバウトについて	重点区域Ⅲ	2015年度第10回の継続審議
		③運動公園広場公衆トイレについて	重点区域Ⅰ	2016年度第2回の継続審議
		④大島保健福祉センターの増築について	重点区域Ⅱ	2016年度第2回の継続審議
		⑤世界遺産構成資産緩衝地帯内のサインについて	—	緩衝地帯内に設置するサイン計画
	第4回会議 (10/18)	①高さ制限を超えるコンクリート電柱の建設について	重点区域Ⅰ	安全確保のため10m以上の高さを確保することが必要
		②西部ガスステーションの建設について	一般	国道495号沿いに建設予定のガスステーション
		③大島資料館の外壁塗装について	重点区域Ⅱ	外壁の改修に関する意匠協議
		④道の駅むなかた駐車場の拡張について	重点区域Ⅰ	駐車場の拡張に伴う全体計画
	第5回会議 (12/20)	①サイン整備基本計画について	—	屋外広告物条例を盛り込んだものに改定
		②神湊第2駐車場拡張工事について	重点区域Ⅱ	神湊ターミナル第2駐車場の整備
		③道の駅むなかた駐車場の拡張について	重点区域Ⅰ	2016年度第4回の継続審議
		④自由ヶ丘小学校プール改築について	一般	大規模な公共施設の改築等
		⑤河東中学校大規模改造、河東小学校屋根外壁改修について	一般	大規模な公共施設の改築等
	第6回会議 (2017/2/27)	①サイン整備基本計画について	—	2016年度第5回の継続審議
		②高さ制限を超えるコンクリート電柱の建設について	重点区域Ⅰ	安全確保のため10 m以上の高さを確保することが必要
		③大島港道路舗装について	重点区域Ⅰ	劣化した大島港の道路舗装
		④公共施設景観形成ガイドラインについて	—	ガイドラインの構成及び項目についての意見聴取

表 4·7　宗像市景観アドバイザー制度の案件一覧

年度	会議（日時）	議題	対象区域	概要
2015	第 1 回会議（5/15）	①田島格納庫及び宗像大社前駐在所の建築について	重点区域Ⅰ	老朽化した格納庫及び駐在所の改築
	第 2 回会議（5/27）	①高さ制限を超えるコンクリート電柱の建設について	重点区域Ⅰ	安全確保のため 10m 以上の高さを確保することが必要
		②田島格納庫及び宗像大社前駐在所の建築について	重点区域Ⅰ	平成 27 年度第 1 回協議の継続審議
		③公共施設景観形成ガイドラインについて	—	
	第 3 回会議（6/12）	①ログハウスの建築について	重点区域Ⅰ	屋根勾配
	第 4 回会議（6/26）	①水産基盤整備事業について	重点区域Ⅲ	岸壁等施設の新設、既存施設の保全工事
		②防犯街灯 LED 化事業について	—	LED 照明導入のガイドライン策定について
		③自転車道上多礼橋補修工事について	重点区域Ⅰ	劣化・損傷が顕在化し易い鋼部材の補修設計
	第 5 回会議（8/11）	①東郷駅駅前広場について	一般	北口広場の身障者駐車場シェルター整備
		②高さ制限を超えるコンクリート電柱の建設について	重点区域Ⅰ	安全確保のため 10m 以上の高さを確保することが必要
		③玄海中学校武道場屋根葺き替えについて	重点区域Ⅰ	老朽化による雨漏りの改善
		④大島冷凍施設の建築について	重点区域Ⅰ	冷凍施設の増設
		⑤田島格納庫移転に伴う消防サイレンの設置について	重点区域Ⅰ	消防サイレンのデジタル化に伴う建替え
		⑥宗像ユリックスアクアドーム屋根張替えについて	一般	屋根の改修
		⑦橋梁の塗り替え及び防草シートについて	一般（重点区域Ⅲに隣接）	現行の基準を満足させるため防護柵等の更新等
		⑧県道 69 号沿いへの花壇設置について	重点区域Ⅰ	花壇の形態意匠
		⑨曲須恵線の転落防止柵について	一般	転落防止柵の色彩
	第 6 回会議（9/15）	①大島開発センター跡地の防災広場設置工事について	重点区域Ⅰ	緊急避難広場の整備
		②深田地区雨水排水路整備について	重点区域Ⅰ	浸水被害解消のための雨水管渠の入れ替え
		③路肩張コンクリートの活用について	重点区域Ⅰ	交通に支障をきたす草木の防除及び草刈時の足場形成
		④空洞ブロック擁壁設置工事について	重点区域Ⅰ	土手外下舞線の擁壁天端に設置する空洞ブロックの材質等
		⑤岬地区コミュニティ・センター改修工事について	重点区域Ⅲ	外壁の改修
		⑥平井地区メガソーラー建設について	一般	大規模太陽光発電施設の建設に関する協議の進捗
		⑦工場棟の改築について	重点区域Ⅰ	屋根勾配、最高高さ
	第 7 回会議（9/29）	①平井地区メガソーラーの建設について	一般	大規模太陽光発電施設の建設
		②鐘崎地区下水管設置工事について	重点区域Ⅲ	下水管の設置工事
	第 8 回会議（12/14）	①平井地区メガソーラーの建設について	一般	2015 年度第 7 回協議の継続審議
		②神湊地区海岸維持管理業務	重点区域Ⅱ	補修及び撤去工事
		③東郷駅日の里口自転車等駐車場整備	一般	JR 東郷駅日の里口の駐輪場の新築
	第 9 回会議（2016/2/9）	①平井地区メガソーラーの建設について	一般	2015 年度第 8 回の継続審議
		② JA カントリーエレベーター移転について	一般	カントリーエレベーター（高さ 35m 程度）
		③ JR 東郷駅駅舎改修について	一般	JR 東郷駅自由通路

景観審議会に加え、本アドバイザー会議の両側面から景観整備に当たっている。景観規制に対する届け出状況や制度的な課題は審議会が、個別事業の整備についてはアドバイザー会議が従事する仕組みとなっている。こうした複眼的かつ継続的なチェック体制が質の高い景観保全と地域ブランドの醸成に役立つものと考えられる。

しかし、課題もある。これは長崎県デザイン支援会議のアドバイザー制度でも同様であるが、やはり景観アドバイザーの負担をいかに軽減していくかは課題といえるだろう。世界遺産登録など、ブランドづくりに奔走する自治体であればあるほど、審議すべき案件も多く、現場に行かなければ具体かつ効果的な指導ができないことも多い。すなわち、それだけ景観アドバイザーのスケジュールや時間確保が求められるわけである。抱えている案件が多い景観アドバイザーであれば、行政担当者の調整にかかる業務も困難を極め、そのことが景観検討業務自体への「面倒くさい」「時間がかかる」意識を助長することも懸念される。景観アドバイザー自体の数を確保する努力は勿論だが、地方都市においては、事業や施設整備に即した景観の専門家を探すのに苦労することも多い。景観や公共空間のデザインおよびマネジメント、地域ブランドづくりなど、専門家の人材育成も急務の課題といえる。

5 あるものを活かしたブランドづくり

1 町産木材を活かす「木のまちづくり」——岩手県住田町

地域ブランドづくりにとって町の資源を発見し、活用することは必要不可欠な作業と言って良い。ここでは岩手県住田町の取り組みについてご紹介しよう。住田町は岩手県の東南部北上高地南部に位置し、人口5761人（2017年3月末時点）の町である。町の面積は334・83km²で、そのうち山林面積が73・1%、宅地0・8%と、四方を山に囲まれた平坦地の少ない町である。[*17] 一方で住田町のある気仙地域は「気仙杉」と呼ばれる良質な木材に恵まれ、「気仙大工」と呼ばれる高い技術集団がいたことで知られる。町の中心地域に当たる世田米（せたまい）においても、気仙大工が携わった満蔵寺山門（写真4・22）、浄福寺鐘堂などといった寺社や土蔵（写真4・23）が数多く残されている。東日本大震災から1ヶ月半でいち早く仮

写真4・23　住田町世田米地区の土蔵

写真4・22　気仙大工が携わった満蔵寺山門

設住宅を木造で建設した住田町は、現在「森林・林業日本一のまちづくり」を標榜し、木材の生産から加工・流通に至る地域林業の活性化を目指している。[*18]

　そうしたなか住田町の「木いくプロジェクト」は、町産の木材を活かした日用品や特産品の開発を行うことで、新たな雇用の創出を目指すものである。これまでにスプーンやテトリスパズル、学校用の机、イスなどが製作され、木の温もりとともに住田らしさを感じさせる洗練された製品づくりが行われている（写真4・24）。ここでは木工作家の大村圭氏他、地元の職人が製作を担い、前述したプロダクト・デザイナー南雲勝志氏が机などのデザインや本プロジェクトのコーディネーターを務めている。南雲氏は「日本全国スギダラケ倶楽部（通称：スギダラ）」とするデザインプロジェクトを展開させていて、日本の伝統的資材である杉木の可能性とその活用による地域活性化を目指した活動も継続して行っている[*19]（写真4・25）。

　また盛街道、高田街道、遠野街道の旧宿場町として有名な世田米駅周辺は、先述した土蔵とともに古い町屋が残っている。かの柳田國男も世田米駅について「其れにつけても世田米は感じの好い町であった。」と述べ、「山の裾の川の高岸に臨んだ、到底大きくなる見

写真4·24　木いくプロジェクトの製品づくり（撮影：ナグモデザイン事務所）

写真4·25　日本全国スギダラケ倶楽部の作品「SUGIKARA」（撮影：SCENE Inc.）

込みの無い古驛。色にも形にも旅人を動かすだけの統一がある」[20]と評している。なかでも特に立派な旧菅野屋住宅は保存改修され、2016年4月より、住民交流拠点施設「まち家世田米駅」として活用されている（写真4・26）。ここでは主家奥側に「おもてなしスペース」、2階に「まちや体験スペース」や、中庭に面した「蔵ギャラリー」と気軽に立ち寄れ、コーヒーを飲みながら話ができるコミュニティカフェ「すみカフェ」が設けられている。なかでも町屋の中央に設置された地産地消レストラン「kerasse（けらっせ）」では、東京から移住した一流シェフが地元食材を使った料理を提供するだけでなく、料理教室などの交流企画も行われ、多くの利用者を集めている（写真4・27）。レストランの管理・運営は「指定管理者制度」によって営まれ、「一般社団法人SUMICA」（代表：村上健也氏）が精力的に従事している。住田町では現在、ランドスケープとしても秀逸な栗木鉄山跡など、町の資源を活かした景観まちづくり事業が進められている。

2 海岸の侵食対策と景観保全——宮崎県宮崎海岸

それまで日常的にあった地方固有の風景が失われることは、地方

写真4·27　地産地消レストラン「kerasse」（提供：一般社団法人 SUMICA）

写真4·26　住民交流拠点施設「まち家世田米駅」

のブランド力を弱めることにつながりかねない。ここで紹介する宮崎海岸は、宮崎港から一ツ瀬川の間、住吉海岸、石崎浜、大炊田海岸を含む総延長約10 kmの砂浜海岸の総称である。1965年ごろまでの宮崎海岸は、その砂浜において運動会やレクリエーションなどが頻繁に行われていた。しかし、徐々に砂浜の侵食が進み（写真4・28）、後背地への災害対策として1982年に一ツ葉有料道路パーキングエリアの前面にコンクリートブロックの傾斜護岸が整備されている。宮崎海岸は、天然記念物に指定されているアカウミガメや絶滅の恐れのあるコアジサシなどの産卵地でもあり、砂浜保全は景観とともに貴重な動植物を保護するうえでも重要といえる。宮崎県はかつて新婚旅行先として人気を集めたことで知られる。宮崎海岸では今も多くの観光客がサーフィンや散策、サイクリングなどの活動を楽しんでいる。

こうしたことから、国交省は浜幅確保を主な目的とし、2008年4月より宮崎海岸侵食対策事業を進めている。ここでは協議組織として、市民の意見を聞く場となる市民談義所[*21]、専門家主体の侵食対策検討委員会[*22]および技術分科会、効果検証分科会が事業の効果を確認しつつ、修正改善を加えながら段階的に整備が進められている[*23]。本事業は①養浜の実施（これによって北方から南方への流入土

写真 4・28　侵食がすすむ宮崎海岸

量を増加させる）、②突堤ならびに補助突堤の設置（設定長さはそれぞれ300m、150m、50mで、これにより、北方から南方への流出土量を抑制）、③表面を砂で覆う埋設護岸の三つの工法を同時並行的に行うという、日本初の総合侵食対策事業である。特に埋設護岸は、一般的なコンクリート護岸ではなく、海岸景観や生態系配慮の面で海外実績のある「サンドパック工法」を日本で初めて採用し、後背地への浸水を防止する浜崖頂部高の低下を抑制する狙いがある。突堤の工事は2012年度から、補助突堤は2016年度から着手され、2017年6月現在、突堤は75m、補助突堤は42mと50m（完成）まで延伸されている。

2011年12月の侵食対策検討委員会では、突堤の設計方針について話し合いが行われた。当時の侵食対策の基本方針は「できるだけコンクリート以外の材料を使って景観に配慮すること」が挙げられ、自然石による積み上げが候補として検討されていた。しかし、太平洋岸の波の高さ、強さに対して、機能上求められる突堤規模が自然石では巨大化することが判明し、かえって突堤の存在が目立ち、宮崎海岸の景観に対する圧迫感が問題視された。これを受け、突堤幅を2分の1に縮小できるコンクリートブロックの採用が決定しているが、この際、表面のコンクリートを隠すために、自然石

写真4·30　宮崎海岸に設置された突堤のコンクリートブロックを現地で確認しながら検討をつづけた

写真4·29　自然石を張り付けた植石ブロックによる突堤案

を張り付けた植石（しょくせき）ブロックが提案されている（写真４・29）。これに対し、２０１２年７月に開催された侵食対策検討委員会において、筆者は「宮崎海岸侵食対策における景観評価のポイント」を示し、「景観配慮とはお化粧ではない」「コンクリート＝醜悪とは言えない」などの観点から、植石ブロックがかえって目立つことの景観阻害について指摘した。

その後、２０１３年２月の第20回談義所では、参加者が形状や重量、表面加工の異なるコンクリートブロックを現地にて直接確認し（写真４・30）、加えて模型を囲みつつ協議が進められた（写真４・31）。その結果、噛み合わせが良く（空隙が少なく）、既設護岸の形状と現地地盤への追随性に優れたコンクリートブロックが選択され、植石ブロックを回避するとともに、ブロック表面に石の風合いを出す洗い出し仕上げを施すことで合意に至った。通常、海岸構造物はすぐに汚れて黒くなるが、自然石を要望していた市民の意見に配慮し、洗い出し加工によって海岸生物の取り付きや一様な汚れの付着を早めるエイジング効果が目指されている。現在、突堤は既存護岸と同様に黒くなっており（写真４・32）、コンクリートの白浮きが目立つことなく、宮崎海岸の風景を邪魔しない存在と化している。

写真 4･31　談議所

写真 4･32　順調に黒ずんでいく突堤

3 — 海岸の風景を守る土木施設の新技術

一方、侵食対策の三つ目、埋設護岸は、先述したようにコンクリートの護岸ではなく、埋設して砂で覆うことによって構造物自体を隠し、自然な堤防である砂丘の形成と越波被害の防止によって後背地の安全を確保するものである。また構造物自体が表出していないことから、景観・環境・海岸利用の観点からも配慮された護岸といえる。また日本初となるサンドパック工法とは、丈夫な化学繊維でできた大型の布袋に現地または養浜（ようひん）材料の砂を入れる、いわば巨大土嚢を埋設する新技術である[*24]（図４・８）。宮崎海岸の侵食対策事業では大炊田地区の約１・６kmと動物園東地区の約１・１kmに実施が予定され、２０１３年度からの工事によって２０１７年６月現在、大炊田が98％、動物園東が25％の施工進捗率となっている。

埋設護岸の工法決定および設計・施工に先立ち、国交省はサンドパック工に対する景観配慮事項について、筆者他の学識経験者と協議を行っている。特にサンドパックは砂に隠れることが前提ではあるものの、露出した際の景観的影響が指摘され、宮崎海岸の後背地や砂浜の色とあわせてサンドパック自体の形状、材質、色目を決めるよう提案がなされ

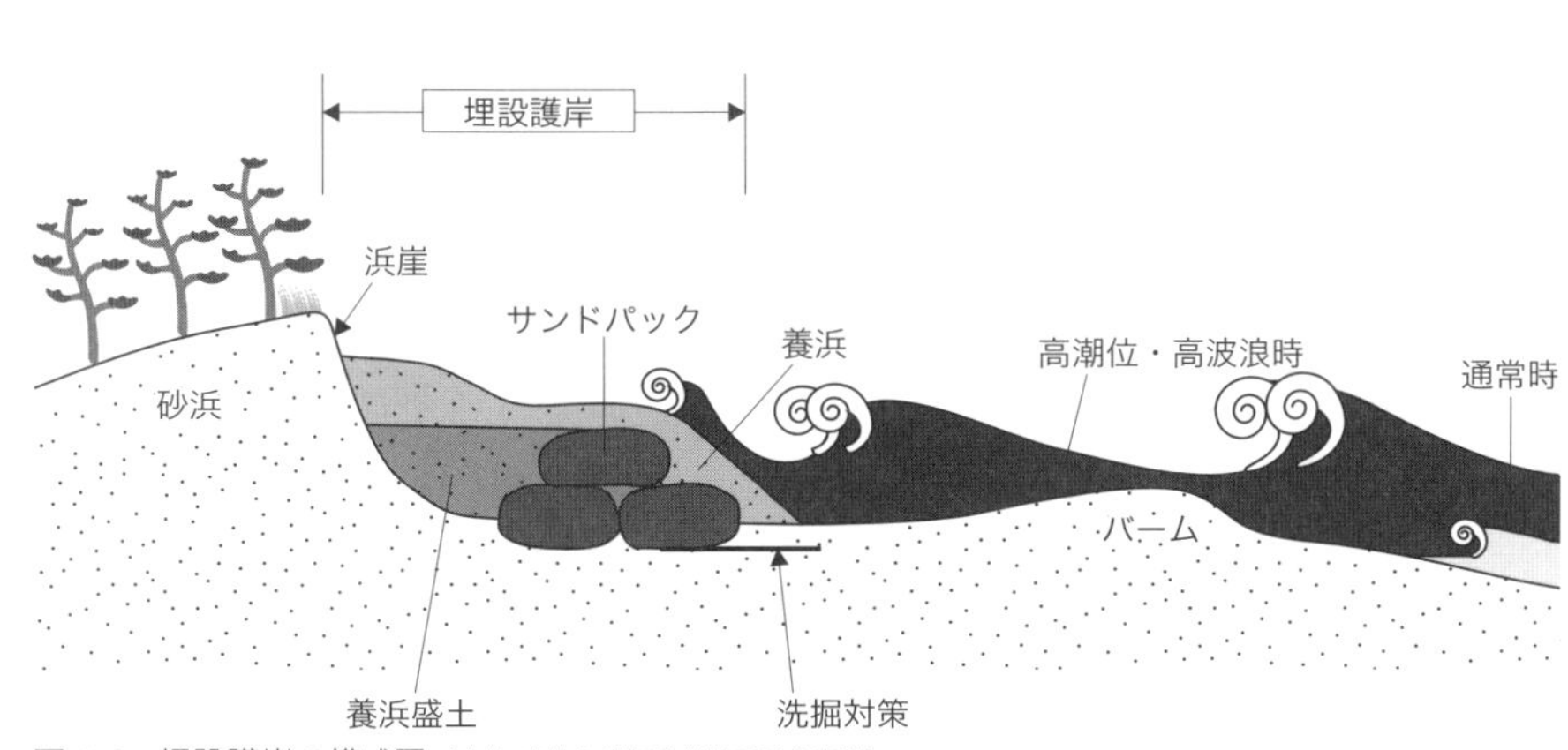

図４·８　埋設護岸の模式図（出典：宮崎海岸侵食対策委員会資料）

た。ここではサンドパックの質感が天候や砂の状態によって変化することを想定し、湿った場合の馴染みや砂のかみ合わせなど、各条件に合わせた現地検討が実施され（写真4・33）、施工に至っている（写真4・34）。

2016年8月に行われた効果検証分科会ではサンドパックに対する効果の確認結果が示された。ここでは埋設護岸の端部に変形が見られたものの、サンドパック設置箇所の浜崖後退防止効果が確認されている。また2015年11月に国交省は、竣工後の埋設護岸に対する市民の印象や意向などを把握するため、「サンドパック整備後の大炊田海岸の景観・利活用に関する市民の意識調査」を実施している。[*25] その結果、サンドパックを用いた埋設護岸の機能面、景観面、利用面全般に対して9割以上の市民からそれぞれ良好な評価が得られた（表4・8）。特に「サンドパック整備後の大炊田海岸の景観についてどう思うか」という質問では、99％が「良い」と回答しており、理由として「自然な海岸景観と変わらないため（全回答数中59％）」が最も多い結果が得られた。また「露出しても砂丘に馴染みやすい色の袋であるため」と回答した被験者も全回答者中40％あり、先述した現地確認を踏まえたサンドパックの検討が功を奏したものといえる。一方2014年5月21日に埋設護岸の整備後、初めてアカウミガメの産卵が確認され、アカウミガメがサンドパックを覆う養浜の傾斜を登った足跡も同時に発見された。翌年の2015年5月28日にもアカウミガメの産卵が確認され、護岸整備後2年連続して産卵跡が確認されている。現在も2017年6月5日に産卵が確認され、サンドパック工法を用いた埋設護岸の生態系配慮が効果を見せている。また同年8月の分科会では、これまで侵食によって取りやめられていた地元神社の神輿を使った祭事が、砂浜の回復によって復活するなど、海岸利用に関わる効果も報告されている。

表 4·8　サンドパックによる埋設護岸に対する市民評価結果

質問 1 **侵食対策として採用されたサンドパック工法についてどう思いますか**	**質問 2** **サンドパック整備後の大炊田海岸の景観についてどう思いますか**	**質問 3** **整備前に比べて大炊田海岸を利用したいと思いますか**
良い【91%】	良い【99%】	利用したい【100%】
・砂浜の侵食を防いでいるため（145 票）	・自然の海岸景観と変わらないため（103 票）	・散策（96 票）
・コンクリートを使用していないため（54 票）	・露出しても砂丘に馴染みやすい色の袋であるため（70 票）	・ウォーキングイベント（67 票）
・普段は砂丘に埋まって見えないため（22 票）		・その他（0 票）
悪い【9%】	悪い【1%】	利用したくない【0%】
・サンドパック上の養浜が流失した時に露出するため（9 票）	・サンドパックが露出した際の見え方が悪い（2 票）	・回答なし
・コンクリートを使用していないため（13 票）		

写真 4·34　施工されたサンドパック

写真 4·33　サンドパックの質感の変化を現地で検討した

活性化に向けた社会実験の心得
——大分県津久見市

1——助走期間が人とお金を呼び込む——コンテナ293（ツクミ）号プロジェクト

現在、地域活性化に向けた社会実験の取り組みは全国で実施されている。大分県津久見市においても、２０１５年度より、中心市街地の魅力と回遊性の向上を目指す「津久見観光周遊性創出事業」が進められ、住民協働型による3ヶ年計画の社会実験が実施されている。津久見市には、観光の名所として、イルカと触れあえる「つくみイルカ島」や、大型遊具のあることで有名な「つくみん公園」、全国漁港漁場協会の「未来に残したい漁業漁村の歴史文化財産百選」にも選ばれた「保戸島」がある。他にも港近くにある太平洋セメントの工場内を通れる一般道路や港から見える工場の夜景など、少々マニアックな魅力を持つ、まだ知られていない名所もある。市の名産品はマグロ、みかんが有名であり、市外・県外からの観光客も訪れている。しかし、漁業、農業などの低迷や市外への流出による急激な人口減少などによって、市中心部の衰退が津久見市の大きな課題となっている。

こうしたなか、今回の社会実験の実施に至るのだが、市がその実験内容を決めるうえでまず行ったのは、日頃から地域のまちづくりに高い意識を持つ市民への呼びかけ、すなわち自主的に協力してくれるコアメンバーの確保を念頭にした「第0回ワークショップ」の開催だった。実は津久見市には「C-Lab. TSUKUMI」と呼ばれるボランティア組織があり、まちなか清掃ウォークの企画やつくみん公園で市内既存商店の商品をＰＲするなどの活動が行われていた。C-Lab. TSUKUMIの発足は２０１１年11月とされ、市の若手職員、上薗怜史（かみぞのさとし）氏が「まちなかをどうにかしたい」との想いから、自宅に集まった5、6人の同期職員と仲間内でつくったグループだった。上薗氏曰く、最初の2年は、まちなかを話題に飲むくらいの会だったらしいが、２０１３年の年末頃から、メンバーも20人ほどに増え、飲み会の前に1時間、まちなかについてしっかり議論する場が設けられた。その場に大分県庁の若手職員が参加し、県庁にその状況を報告、C-Lab. TSUKUMIを活用した事業を企画し、津久見市に提案している。これに対して、当時の商工観光課長であった臼杵（うすき）洋介氏は「せっかく補助金をもらうのであれば単発のイベントではなく、津久見市の観光と回遊性に踏み込んだ複数年の事業にしたい」との考えから、市側から「観光周遊性創出事業」として起案し、今回の社会実験の実施に結びついたのである。

　その後、市の都市建設課および商工観光課、大分県中部振興局が事務局となり、加えて福岡大学景観まちづくり研究室と大分大学姫

写真 4･35　高校・大学生を含む地元住民とのワークショップ

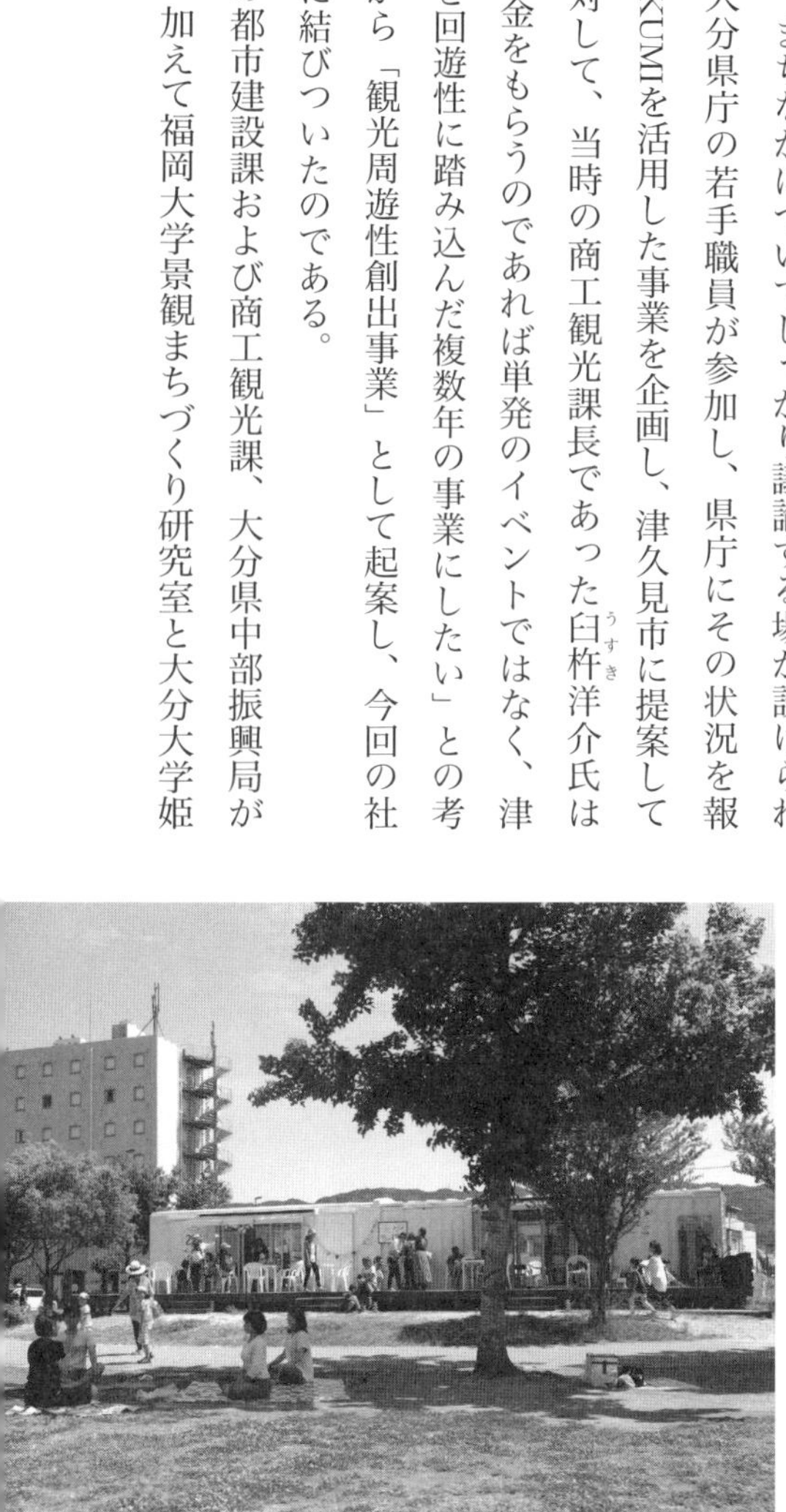

写真 4･36　設置された「コンテナ 293 号」。コンテナ名は公募によって決められた（撮影：渡辺直樹）

野助教がアドバイザーとして参画、第０回ワークショップで得られた意見をもとに、市街地に仮設的なまちづくり拠点をつくる取り組みが考案された。２０１５年７月に開催された第１回、２回目のワークショップでは、コアメンバーに加え、その他の地域住民、地元の高校生および大学生を交えて議論が行われ、コンテナを活用した拠点づくりの方針が合意されている（写真４・35）。その後、市民公募によって名付けられた「コンテナ２９３号」の設置とともに、様々なにぎわいづくりのための活動が行われている（写真４・36）。さらにコアメンバーによって津久見市のまちづくりについて定期的に考える「事業打ち合わせ会」が自主的に開催されるようになり、当時３年目に計画していたコンテナの運営組織の樹立に関しても、１年早い２０１６年11月に任意団体「ツクミツクリタイ（代表：高瀬幸伸氏）」の設立に至っている。

C-Lab. TSUKUMIの地道な活動は、その後の社会実験を可能とする事業ならびにコアメンバーの樹立につながり、実験によって設置されたコンテナ２９３号の存在が、より関係者の意識や組織づくりを促す場の形成につながったものといえる。社会実験はいわばまちづくりの「お試し期間」ともいえるが、お試し期間を有効に使うための「助走期間」も極めて重要である。

写真 4・37　コンテナ 293 号からつくみん公園の遊具が眺められる（撮影：上薗怜史）

2 ー実験後を見据えた周知・にぎわい・事業づくり

まちづくりにおける社会実験の大きな課題は、実験の後に待ち構えている。すなわち、補助金がなくなり、実験期間が過ぎた後、いかに通常のまちづくりに展開、貢献できるかどうかである。実験期間ににぎわっていればいるほど、いざ本番の通常のまちづくりにつながらなければ、余計に寂しい雰囲気がまちに漂うことさえある。

津久見市では、社会実験に入る前に、事業期間である3年間を通じた目標を設定し、1年目には「つくみん公園のにぎわい強化」、2年目に「まちなかでの暮らしのたまり場の創出」、3年目には「管理主体の検討」という目標案を作成している。3年目の「管理主体の検討」は、設置されたコンテナ293号を実験後も継続的に活用しようという狙いがあり、結果的には1年早く組織づくりへの意識醸成につながったことは既に述べた。これは早いうちからコアメンバーが実験後の展開を見据え、実験期間中に、通常のまちづくりに向けた助走期間を取っておこうという作戦でもある。

またコンテナ293号の設置位置にも工夫があった。当初、津久見観光周遊性創出事業は、衰退する市街地中心部のにぎわい再生を

図4·9　つくみん公園内にあるコンテナ293号の立地平面図

目指し、まちなかの空き店舗に拠点をつくる計画も挙がっていた。しかし、まずは既に集客実績のある「つくみん公園」をターゲットとし、なかでも最も人が集まっていた大型遊具のそばにコンテナを設置、あわせてコンテナと遊具の間にある樹木を剪定し、子どもの遊ぶ姿をコンテナから見守れるように配慮した（写真4・37）。すなわち、コンテナ293号に対する公園来訪者の立ち寄りと認知度向上を狙う、にぎわいづくりの成功率をより高くする作戦である。さらに「つくみん公園」は港湾区域の緑地にあり、コンテナ293号は県からの占用許可を得て設置している。このことから、実験後にコンテナの使用や運用上の制限が出てくる可能性も考慮し、園路から内陸側の境界部にコンテナを設置することで、港湾区域の見直し（コンテナの設置エリアを港湾区域から切り離すこと）も見込んで立地選定した（図4・9）。拠点づくりなどの社会実験をその後のまちづくりに継続的かつ有効に活用していくためには、こうした年次計画などの見通しや立地選定など、時空間的な戦略を持つことが重要である。

現在、先述したツクミツクリタイの活動によって、これまで閉館していたまちなかの宮本共有会館が市民のための交流スペース「1／2（ニブンノイチ）」としてリニューアルオープンしている。開館して間もなく、不幸にも台風18号による浸水被害に見舞われたものの、すぐに復旧し、市民だけでなく災害ボランティア等の休憩場所としても活用された。ツクミツクリタイの今後の活躍を期待したい。

注釈・文献

＊1　文化財保護法第二条第1項第五号によれば、文化的景観とは文化財として「地域における人々の生活又は生業及び当該地域の風土により形成された景観地で我が国民の生活又は生業の理解のため欠くことのできないもの（より）」を指す。また文化的景観の中でも特に重要なものは、都道府県又は市町村の申出に基づき、「重要文化的景観」として選定される。

＊2　International Council on Monuments and Sites の略称でイコモス（ＩＣＯＭＯＳ）と呼ぶ。国際記念物遺跡会議のことを指し、文化財の

保存、修復、再生などを行う国際非政府間組織（ＮＧＯ）でユネスコ世界遺産委員会の諮問機関である。本拠地はパリにあり、１９６４年に設立された。

＊3 イコモスによる評価結果は以下の四つの区分、①記載（Inscription）：世界遺産一覧表に記載するもの、②情報照会（Referral）：追加情報の提出を求めた上で次回以降に再審議するもの、③記載延期（Deferral）：より綿密な調査や推薦書の本質的な改定が必要なもの。推薦書の再提出後、約1年半をかけて再度諮問機関の審査を受ける必要がある、④不記載（Not to inscribe）：記載にふさわしくないもの、となっている。また世界遺産委員会で不記載決議となった場合、例外的な場合を除き再推薦は不可となる。

＊4 中村良夫『風景学入門』中公新書、１９８２

＊5 真田純子『棚田、段畑の石積み』石積み学校事務局、２０１７年2月

＊6 福岡大学工学部社会デザイン工学科の道路土質研究室の研究成果によれば、竹土舗装の主な特徴として、舗装の歩行性に関しては弾力性、凍上抑制効果、温度環境に関しては路面温度上昇抑制効果、耐久性に関しては曲げ靱性、防草性の効果が挙げられている。参考文献として佐藤研一「竹の土系舗装材料への利用」一般社団法人日本森林技術協会、『森林技術』Ｎｏ８７０、２０１４、8〜11頁や佐藤研一、藤川拓朗、古賀千佳嗣、板倉重治「竹土舗装（Ｂウォーク）の小規模施工」日本道路協会『第31回日本道路会議論文集』（ＣＤ-ＲＯＭ）２０１５、などがある。

＊7 景観に配慮した防護柵推進検討委員会「景観に配慮した防護柵の整備ガイドライン」２００４年3月

＊8 国土交通省ホームページ「道路：交通安全のための道路行政――景観に配慮した防護柵」（http://www.mlit.go.jp/road/road/bougosaku/）

＊9 柴田久・西原敬人・石橋知也「合意形成プロセスと完成した空間デザインの質的事後評価にみる住民参加型整備事業の課題に関する考察――福岡市における参加型13公園を事例として―」『土木計画学研究・論文集』Ｖｏｌ24、２００７、３５３〜３６１頁

＊10 東洋文化研究家アレックス・カーが監修し、宿泊用として活用されている「古民家ステイ」は有名で、民泊等の活動を含め２０１２年1月には毎日新聞社第9回グリーン・ツーリズム大賞も受賞している。

＊11 長崎県企画振興部まちづくり推進室『景観に配慮した公共事業事例集』２０１６

＊12 前掲（＊11）11頁

＊13 五島市役所『広報ごとう』２０１４年5月号

＊14 『「五島市久賀島の文化的景観」整備活用計画』２０１３（平成25）年3月、五島市

＊15 委員長は立平進長崎国際大学教授、委員は木方十根鹿児島大学教授、小島満久賀島地区協議会会長、筆者など。現在は久賀島のみの事業でなく、市内全域を対象とする『「五島市文化的景観」整備活用委員会』に発展し、指導・検討が続けられている。

＊16 鈴木地平「文化的景観保護制度の現状と課題」日本造園学会誌『ランドスケープ研究』Ｖｏｌ73、Ｎｏ1、２００９、22～25頁

＊17 「住田町中心地域活性化基本計画 策定業務報告書」住田町、２０１４年9月

＊18 ２０１１年に起こった東日本大震災によって、岩手県住田町には約１００戸の木造戸建の仮設住宅が建設されている。ここでは一般社団法人「邑サポート（代表理事：奈良朋彦、理事：木村直紀、古山周太郎、伊藤美希子 各氏）」が町外・県外者による支援のコーディネートや役場、地元住民、ＮＰＯ団体と協力して、仮設住宅に住む被災者のためのコミュニティづくりを精力的に支援している。(http://u-support.wixsite.com/u-support/projects)

＊19 日本全国スギダラケ倶楽部（http://www.sugidara.jp/）

＊20 １９１９（大正8）年12月、２０２０（大正9）年8月、東京朝日新聞「豆手帖から」。柳田國男の『雪國の春』に掲載。

＊21 ２０１７年1月までに34回開催され、市民連携コーディネーターとして吉武哲信氏（九州工業大学教授）、髙田知紀氏（神戸高専准教授）が従事、今後も継続して開催が予定されている。

＊22 ２０１７年9月までに16回開催されており、委員長の佐藤愼司氏（東京大学教授）他、海岸や景観、生物に関わる学識経験者9名（技術分科会、効果検証分科会にも所属）と漁協やサーフィン連盟委員等からの地元関係者、国、県、市の行政担当者が一堂に会して協議が進められている。

＊23 景観設計業務のスタートした２０１２年度の合意形成業務はパシフィックコンサルタンツ（主な担当技術者：堀之内毅氏）が、侵食対策のハード設計に関わる業務は東京建設コンサルタント（主な担当技術者：橋本新、堀口敬洋、後藤英生、八木裕子、伊東和彦各氏）が従事し、着実かつ密に連携した事業の推進が図られた。

＊24 アメリカ、オーストラリアなどの海外では「サンドバック」や「ジオチューブ」などの名称で利用されているが、日本国内での施工実績は少なく、実用化にまでは至っていない。サンドパックは海岸保全施設への適用のため新たに開発された技術で、埋設護岸中の設置及び撤去が迅速かつ容易に行える特長がある。また従来のコンクリート護岸に比べ事業のコスト軽減につながり、経済的に施工できるという利点が挙げられる。

＊25 ここでは海岸への来訪者約１７０名の被験者を対象に、埋設護岸の機能面、景観面、利用面に関わる意識調査を実施している。調査は現地で回答する負担を軽減するために、質問パネルに直接シールを貼って回答してもらう形式を採用した。

第 5 章
アメリカ地方都市の公共空間デザイン・マネジメント

1 アメリカの先進性と留意点

本章では海外の事例、特にアメリカ西海岸地方の都市デザイン事例を紹介し、わが国における活性化方策のヒントを探ってみたい（写真5・1）。文化や制度の違う海外事例において、その先進性を学ぶことは、日本で暮らす私たちが当然と思っている制度や常識にとらわれず、新たな展開を導くうえで参考となる。

注意すべきは、その国だからこそ成し遂げられている成果の本質や、前提となっている仕組みやバックグラウンドとのセットでその事例を見極めることだ。日本人にとって欧米などの海外事例はとかく良く見えやすい。同じことを日本で安直に真似たところで、うまくいかないものはうまくいかない。むしろ日本の方が優れているケースもたくさんある。海外に学びつつ、日本の事例の良し悪しを確認してみたい。

写真5･1　サンフランシスコ市内（パウエル・ストリート）

車中心から人のための道路整備へ
――サンフランシスコ・オクテイヴィア並木通りの再整備

1―1940年代の高速道路整備と1960年代の反対運動

まずは当初推進されていた高速道路整備事業の撤廃から、市民に愛される街路と公園をつくり出したオクテイヴィア並木通りについて紹介しよう。サンフランシスコでは、1948年の高速道路計画によって高密度な都市幹線道路のネットワーク化が提案され、自動車を中心とした都市づくりの目標が掲げられた経緯がある[*1]（表5・1）。以来、自動車を主体とした道路システムの整備が進み、その一部として中央高速道路が1959年に完成する。しかし、1960年代中頃、アメリカ初となる高速道路建設反対運動がサンフランシスコにて活発化する[*2]。具体的にはサンフランシスコの北側、観光名所としても著名なゴールデンゲート・ブリッジと東側オークランド方面に向かうベイ・ブリッジを高架高速道路によってつなぐ臨海部、エンバルカデロ・フリーウェイの建設案と、パンハンドルに沿って幹線道路101号線とゴールデンゲート・パークをつなぐ中央高速道路の二つの建設案[*3]に対する反対運動だった（図5・1）。ご存知の方も多いと思うが、サンフランシスコは坂が多く、ケーブルカーの走る丘上からの街と海への眺めは絶景として知られる。先述した高架高速道路の建設計画は、そうした景観への悪影響と沿道の住環境悪化を懸念させたのであった。特に１９７０年代中頃、多くの市民によって反対運動が巻き起こり、これら２つの高速道路拡張計画は中止の決定が下される。しかし、こうした反対運動による計画中止以前にベイ・ブリッジとチャイナ・タウン、ノース・ビーチ地区につながるブロードウェイ・ストリートとを結ぶエンバルカデロ・フリーウェイ（高架）は未完成ながら建設が進められていた。またサンフランシスコ中心を縦断する中央高速道路は、サンフランシスコ市内の主要街路であるマーケット・ストリートを高架によって超え、先述の１０１号線と ゴールデンゲート・パークにつながるフェル／オーク一方通行道路を結ぶところまで建設されていた。[*4]

２ 地震を契機とした高架高速道路の撤去

その後、１９８９年10月17日にマグニチュード７・１を観測したロマ・プリエタ地震が起こる。この地震によって引き起こされた都市災害の大きさは既に報告されているが、この時、先述した高架高速道路もダメージを受け、それまで残されて

図 5･1　サンフランシスコ･オクテイヴィア並木通り周辺図

いた高架橋が崩落するなど、その危険性が社会問題化している。実際、環境活動家らの働きもあり、1970、80、85年にサンフランシスコ市議会は未完成部分の高架高速道路の取り壊しを賛成多数で可決したのだが、財政困難から取り壊し作業が遅れていた。[*5] そうこうしているうちに地震が起き、高架高速道路に対する議論が再燃、さらに1973年の州間幹線道路システムを中止する連邦補助高速道路法（The Federal Aid Highway Act）の改正[*6]や地震後の緊急助成金の獲得[*7]などにより、前述したエンバルカデロ・フリーウェイとマーケット・ストリートを超える中央高速道路の高架橋は撤去されることとなった。[*8]

表 5･1　オクテイヴィア並木通りの完成に至る経緯

西暦（年代）	◎関連する社会的背景　●オクテイヴィア並木通りに関する事実関係
1948	◎ SF 高速道路計画が高密度な都市幹線道路ネットワークを提案
1959	◎ SF 中央高速道路完成
1960 年代中頃	◎ SF 高速道路建設反対運動
1973	◎連邦補助高速道路法（The Federal Aid Highway Act）の改正　→州間幹線道路システムの中止
1970 年代中頃	● SF 市都市計画部、エンバルカデロ臨海部の高架高速道路の建設中止（建設途中の高架道路はそのまま放置）
1989	◎ロマ・プリエタ地震発生　●放置された高架道路の危険性が社会問題化 →地上車道案への変更検討
1993	◎アラン・B・ジェイコブス『Great Streets』出版　→●オクテイヴィア並木通りの計画案づくりに参考
1990 年代中頃	◎ SF の都市交通研究が盛んに（高速道路撤去に対する効果の測定）
1997	マーケットストリートを超える中央高速道路の再建案に賛成する投票法案が可決
1998	◎地上並木通り（Boulevard）建設案に賛成する法案が可決（これにより 97 年の法案は廃止）　→● SF 市公共事業部（Dept.of Public Works）とジェイコブスによりオクテイヴィア並木通りのデザイン案作成
1999	◎高速道路支持者によって再建するための投票案が提示　●並木通り計画案の据え置き→結果的に並木通り案のイメージとデザイン図面の存在により、本案が賛成多数
2003	●高架高速道路の橋脚撤去開始
2005	●オクテイヴィア並木通り完成。供用開始。デザインコンペ「San Francisco Prize」実施
2006	●アメリカ計画協会（American Planning Association）から「achievement award for hard-won victories」を授与

3 オクテイヴィア並木通り設計案のスタート

しかし、中央高速道路の高架橋撤去と代替案となる地上道路整備計画は、エンバルカデロに比べ、円滑には進まなかった。1997年、交通利便性を主張するゴールデンゲート・パーク近くの住民らは中央高速道路の再建を要求し、マーケット・ストリートを越える中央高速道路の再建案に賛成する投票法案が下されている。しかし、その翌年1998年には、居住環境の悪化を危惧する高架道路反対派が再度地上道路案を提示し、賛成で可決、前年度の再建投票案は廃止された。この際、反対派の住民らが、地上並木通りの整備案の検討をかつてサンフランシスコ市の都市計画局長であったアラン・B・ジェイコブスらに依頼し、はじめて具体的なデザイン案が描かれている。

ジェイコブスによれば、この頃オクテイヴィア地区の既設高架道路橋（写真5・2）の下では、不法な薬の売買が行われ、周辺住民の治安に対する懸念が強かったとされる。[*9] またそうした差し迫った状況のなかでオクテイヴィア並木通りのデザイン案を明確化する際、93年に取りまとめていた街路に関する研究成果（各国の先進

写真5·2　並木通り完成前のオクテイヴィア・ストリート高架道路
（出典：文献9）

事例を整理し、その特徴について考察）が大いに役立ったとも語っている。さらに最終決戦となった1999年の3回目の投票においては、この描かれた並木通りのデザイン案が住民間の意思決定の参考資料として貢献したとも伝えている。すなわち、それまで膠着していた中央高速道路の代替案に対する協議のなか、オクテイヴィア通りの整備後のイメージが可視化されたことで、対立していた住民だけでなく、広く多くの人々に並木通り案の景観的な向上効果が認識された。その結果、高架高速道路の再建案は否決され、ジェイコブスらとサンフランシスコ公共事業部（Department of Public Works）のスタッフらによって、並木通りの具体的な設計案が作成される運びとなった。

4 ― 並木通りと沿道整備のプロセス

こうした経緯のもと、本並木通りの整備は始まり、それまでヘイズ・バレイ地区の5ブロックを分断していた高速道路の橋脚が2003年より撤去され（写真5・3）、2005年9月にオクテイヴィア並木通りは完成、供用開始に至っている。社会的な関心を集めた本並木通りは、整備事業に合わせて、沿道に建設される集合住

写真5・3　施工中のオクテイヴィア並木通り（出典：文献10）

宅に関するデザイン・コンペも行われている。本コンペは「サンフランシスコ・プライズ」と称し、サンフランシスコ再開発局（San Francisco Redevelopment Agency）やサンフランシスコ現代美術館、カリフォルニア芸術大学など8団体がスポンサーとなり、並木通り建設によって新たに整備される沿道6区画を対象に実施された。沿道建築物のデザイン性向上を掲げた本コンペの評価基準には、新たに整備される並木通りと後述する公園（ヘイズ・グリーン）との関係性を十分考慮することなどが盛り込まれている。[*10] 結果的に入賞した設計案は、本並木通りとの関係性を十分に考慮したコンセプトが選出され、ヘイズ・グリーン内の空間構成や植栽の見えや配置などを考慮しつつ、提案するデザインのポイントが説明されている（図５・２）。２００６年にはこうした並木通り整備の実現に至るプロセスと成果が評価され、アメリカ計画協会より、「achievement award for hard-won victories（苦労して手に入れた勝利の業績賞）」の表彰を受けている。

5 ― 設計者に聞く、並木通りのデザインのポイント

筆者はオクテイヴィア並木通りの設計に携わったジェイコブス

図5・2　サンフランシスコ・プライズで入賞した集合住宅の設計案
（出典：文献10）

氏へのインタビューを2010年に行っている（写真5・4）。ここではそのインタビューの結果と現地踏査ならびに関連資料の精査から、本通りのデザイン的な特徴とその検討プロセスを明らかにしたい。

オクテイヴィア並木通りは全長約500m、マーケット・ストリートとフェル・ストリートの間4ブロック沿いを南北に通り、北側フェル・ストリートに隣接する公園ヘイズ・グリーンに突き当たる線形となっている[*11]（図5・3）。また約2・4mの中央分離帯を境に、片側2車線ならびに約5・4mのアクセス・レーンを両サイドに備えている（図5・4）。西側に約4・5m、東側に約3・6mの歩道を持ち、両歩道共にほぼ6m間隔で桜やプラムなどの街路樹が

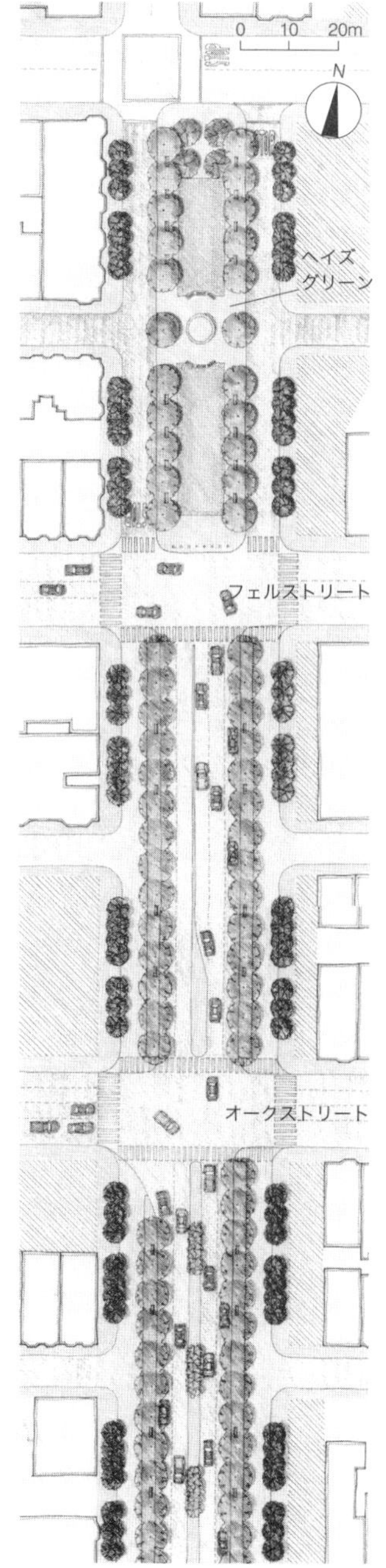

図5・3 オクテイヴィア並木通り平面図（ヘイズグリーン・オークストリート周辺。文献1）を元に筆者作成）

写真5・4 アラン・B・ジェイコブス氏

植えられている。同様に先述の2車線とアクセス・レーンとの間にも常緑樹のニレの木、中央分離帯には円柱状に育つロンバルディ・ポプラ（セイヨウハコヤナギ）が植えられ、その緑豊かな街路内には多くの木陰が提供されている（写真5・5）。両側のアクセス・レーンは、アメリカでは一般的な路上駐車のためのスペースとして活用されるとともに、自転車の通行路としても利用されている（写真5・6）。一方、オクテイヴィア並木通りと交差するフェル・ストリートとオーク・ストリートは両方とも一方通行であり、東西両側から並木道に接続する他の四つの街路は全てこのアク

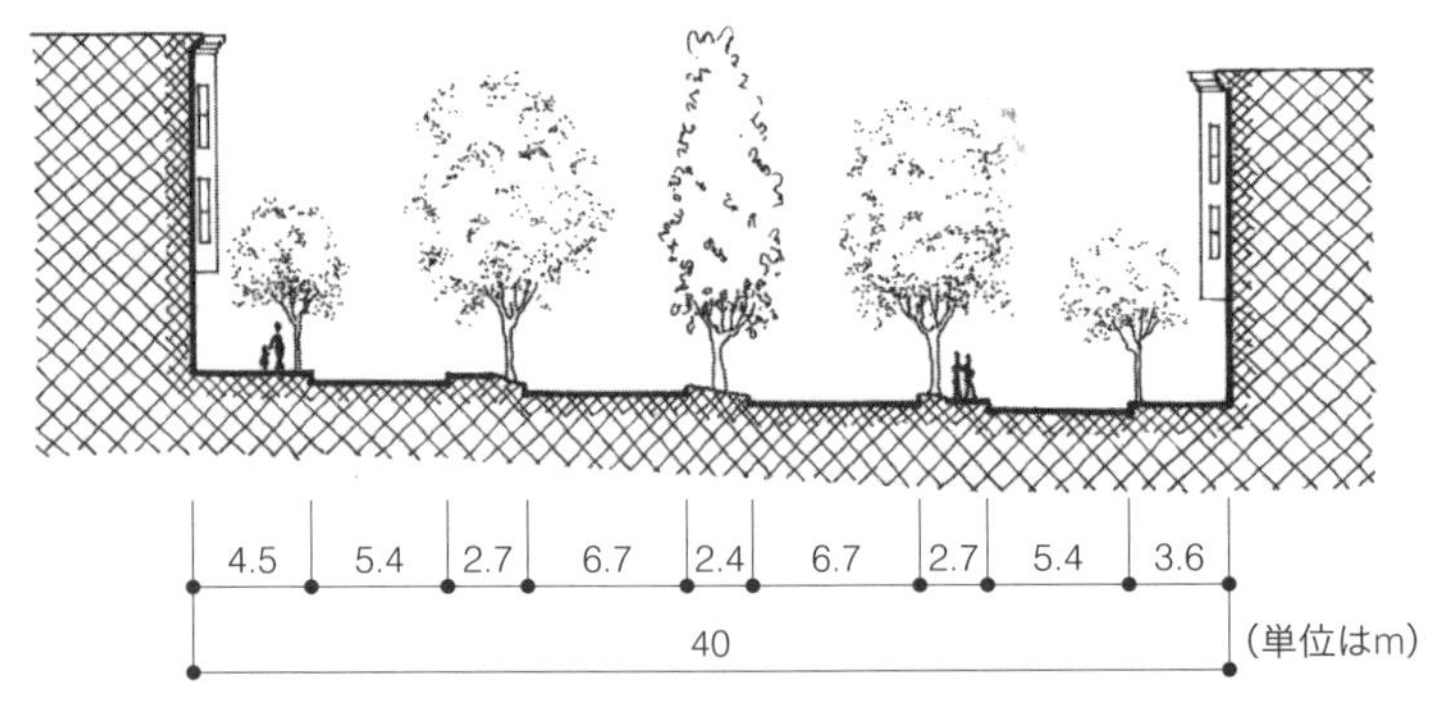

図5･4　オクテイヴィア並木通りの断面図

写真5･6　アクセス･レーン

写真5･5　現在のオクテイヴィア並木通り

セス・レーンにつながっている。現地踏査からもこれらアクセス・レーンの自転車通行、駐車利用の多さは確認できた。

また本並木通りの北側終点となるヘイズ・グリーンは、南北に約84m、東西に約20mの幅を持つ芝生公園である（写真5・7）。公園内にはベンチや遊具も設置され、中央には円形の小広場が配置されている。ここでは主にパブリック・アートの展示が行われ、半年に一度のペースで更新される空間となっている。ジェイコブスによれば、ヘイズ・グリーンは沿道に住む近隣住民のための空間であり、並木通りの終点部とサンフランシスコの街路の特徴として有名なグリッド・パターンを適合させ、1ブロックの長い公園として中央レーンに提案したという。[*12] またそれは中央高速道路建設を巡る多くの討議の記憶を伝えるメモリアル・パークとして位置づけていたとも述べている。実際、サンフランシスコ市民にヘイズ・グリーンの名で広く知られている本公園の正式名称は「Patricia's Green in Hayes Valley（2006年に亡くなった本公園設立に尽力した支援者の名前に由来）」と命名されている。現地踏査の結果からもヘイズ・グリーンは休日平日を問わず、野外での食事や休息などを楽しむ空間として、多くの住民に利用されていた。

写真5·7　芝生公園ヘイズグリーン

6 ─ 多様な関係者による徹底した議論と合意形成

前述したようにオクテイヴィア並木通りは、サンフランシスコ公共事業部のスタッフとともにジェイコブスらによってデザイン（ヘイズ・グリーンはサンフランシスコ公共事業部のランドスケープ・アーキテクト、ジョーン・トーマスが担当）されたものであるが、これらのプロジェクトは１９９８年の投票時に住民からの負託に応じたものだった。[*13] ジェイコブスによれば、本デザイン提案には、多方向に進む良好な並木通りとはいかなるものかを常に考え、同時に高速道路に代わる街路としてヘイズ・バレイ地区の交通量を処理する機能が求められた。さらに、隣接する不動産価値の向上や、自動車交通とともに歩行者ならびに自転車通行者にとっても安全な空間でなければならないという地元のニーズに応じる必要があった。

また並木通りのデザインにおいては、多くの関係者による様々な議論が行われ、特にアーバン・デザイナーと本事業に関わるエンジニア（交通工学）との間でしばしば意見がまとまらなかった経緯をジェイコブスは述べている。特に浮上していた意見の相違点は、アクセス・レーンの幅やコーナーで曲がる半径と横断歩道の位置、コーナーと関係する街路樹の配置、さらにパーキング・メーターとその周辺の街路樹のスペースなどであった。ここでは幾度に渡って協議が行われ、街路の美観のみでなく、安全性や機能性に対する妥協を許さない徹底した情報交換のもと、合意形成がなされた。一方で、特に意見の相違が著しく、合意に至らなかった部分については、両方の見解をオープンに聞く市民ミーティングで協議し、調整ならびに最終案の決定がなされた。

7 — 並木通りの整備がもたらした経済的効果

ここでは米国国勢調査局より入手したオクテイヴィア並木通りに関わる商業データの分析と先行研究の知見、また筆者自ら行った公園ヘイズ・グリーン利用者に対するヒアリング調査より、本並木通りの整備効果について考えてみたい。

まずは周辺エリアに対する経済効果である。都市交通施策を中心に土地利用研究の実績を持つセヴェロは、不動産の実売価格を用いたヘドニック・モデルによってオクテイヴィア並木通り周辺の住宅価格への影響を把握している。[*14] これによれば並木通り整備後の周辺の住宅価格は整備前と比べ向上しており、特に通りからの距離が0・25マイル以内（約400m）の価格差が大きく（平均差額約10万ドル）、通りから離れる（並木通りの快適性影響が弱まる）につれて、その差が無くなっていく傾向を明らかにしている。[*15] 筆者は米国の不動産情報検索サイトとして一般に知られるZillow[*16]より、オクテイヴィア並木通り周辺に立地する不動産の販売価格を20件抽出し、その推移を把握した（図5・5）。これによればオクテイ

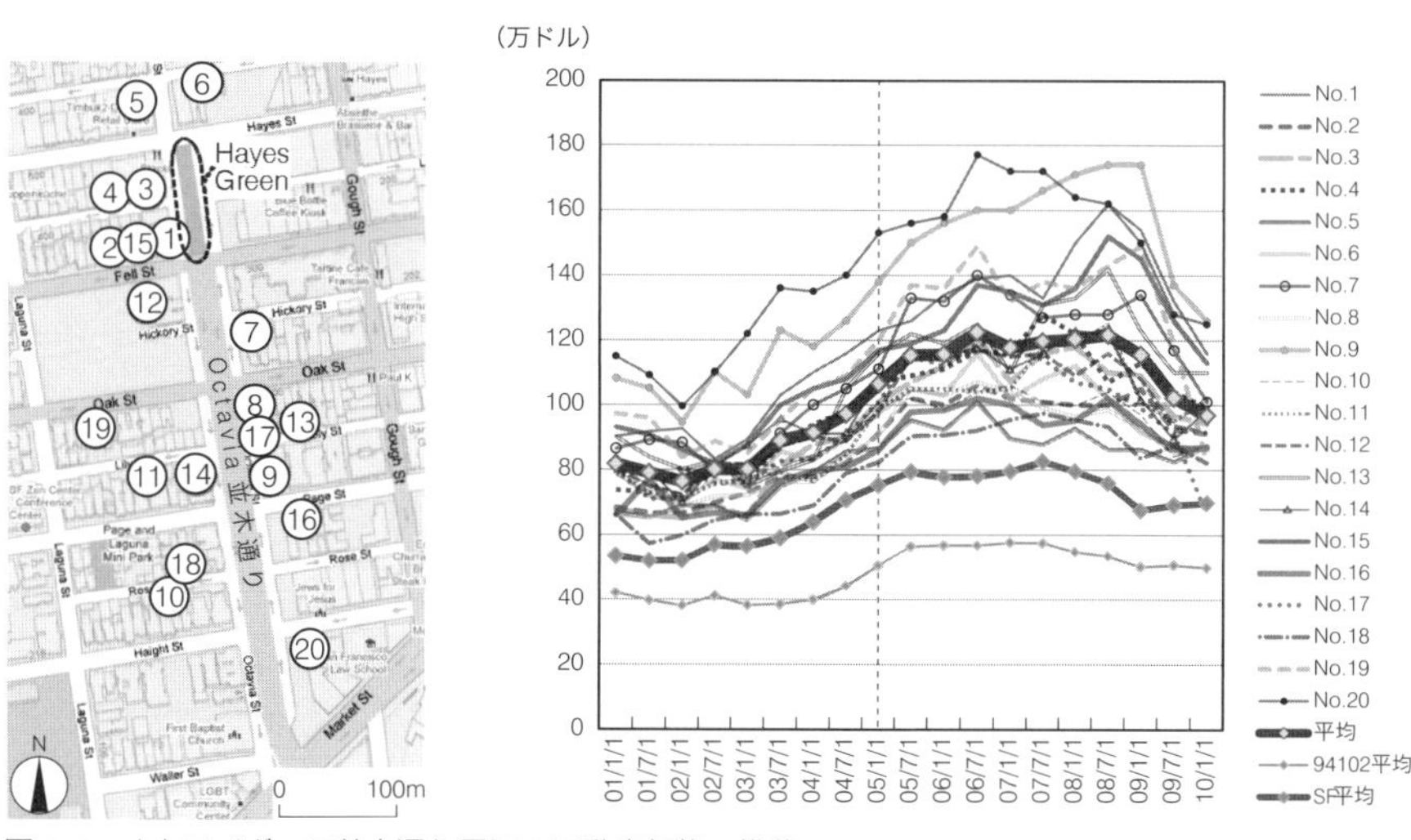

図5·5 オクテイヴィア並木通り周辺の不動産価格の推移

ヴィア周辺の不動産価格は、そのほとんどがサンフランシスコの平均価格より高く、並木通りを含むより広範なエリア（郵便番号「94102」地区）全体の平均値がサンフランシスコ平均値より低いことからも、オクテイヴィア並木通り周辺の不動産価値の高さが伺える。また並木通りが完成した2005年以降、オクテイヴィア並木通り周辺の不動産価格の平均値とサンフランシスコ平均値の間の上昇傾向に開きが出ていることから、[*17] 通り整備事業の積極的な影響があったと見て取れる。特に2001年と事業完成後の2006年との上昇額が50万ドル以上の物件は3、7、9、19、20番であり、19番を除く4件全てがヘイズ・グリーンおよび並木通りに面している。

さらに米国国勢調査局は、国内各エリアの立地企業傾向を各年で郵便番号ごとに集計・公開しており、[*18] 筆者はオクテイヴィア並木通り周辺の94102エリアのデータ（199

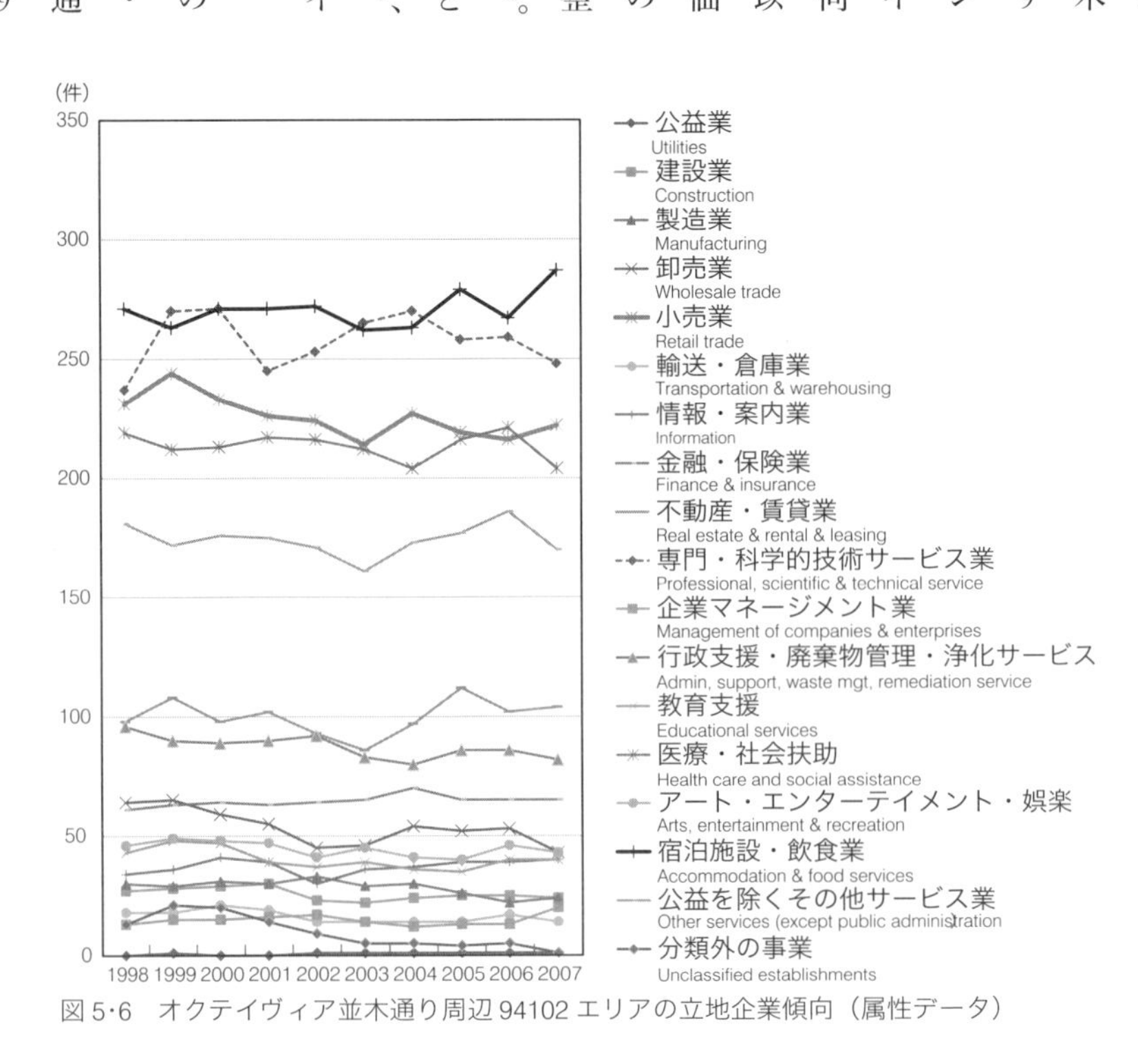

図5･6　オクテイヴィア並木通り周辺94102エリアの立地企業傾向（属性データ）

８〜２００７）を入手、経年的に整理した（図５・６）。これより本エリアでは「宿泊施設・飲食業」が多く、並木通りの供用が開始される前の２００４年（２６３件）と比べて２００７年（２８７件）までに増加傾向を示していることが分かる。その内訳として（図５・７）、店員がテーブルまで飲食物を運ぶ「フルサービスのレストラン」が最も多く、同様に２００４年と比べて増加傾向が認められる。郵便番号によって分類された９４１０２エリアには、オクテイヴィア並木通り以外の通りや建物も多く含まれており、このレストランの増加が並木通りプロジェクトの直接効果と捉えることはできない。しかし、高速道路から並木通りに転換した整備プロジェクトの終了後、周辺エリアへのマイナス効果は認められず、セヴェロによる分析、不動産価格の推移結果、後述するヒアリング結果を含めて総合的に判断すると、並木通りのプロジェクトによって、飲食業や周辺不動産に対し一定の経済効果がもたらされたと言っていいだろう。

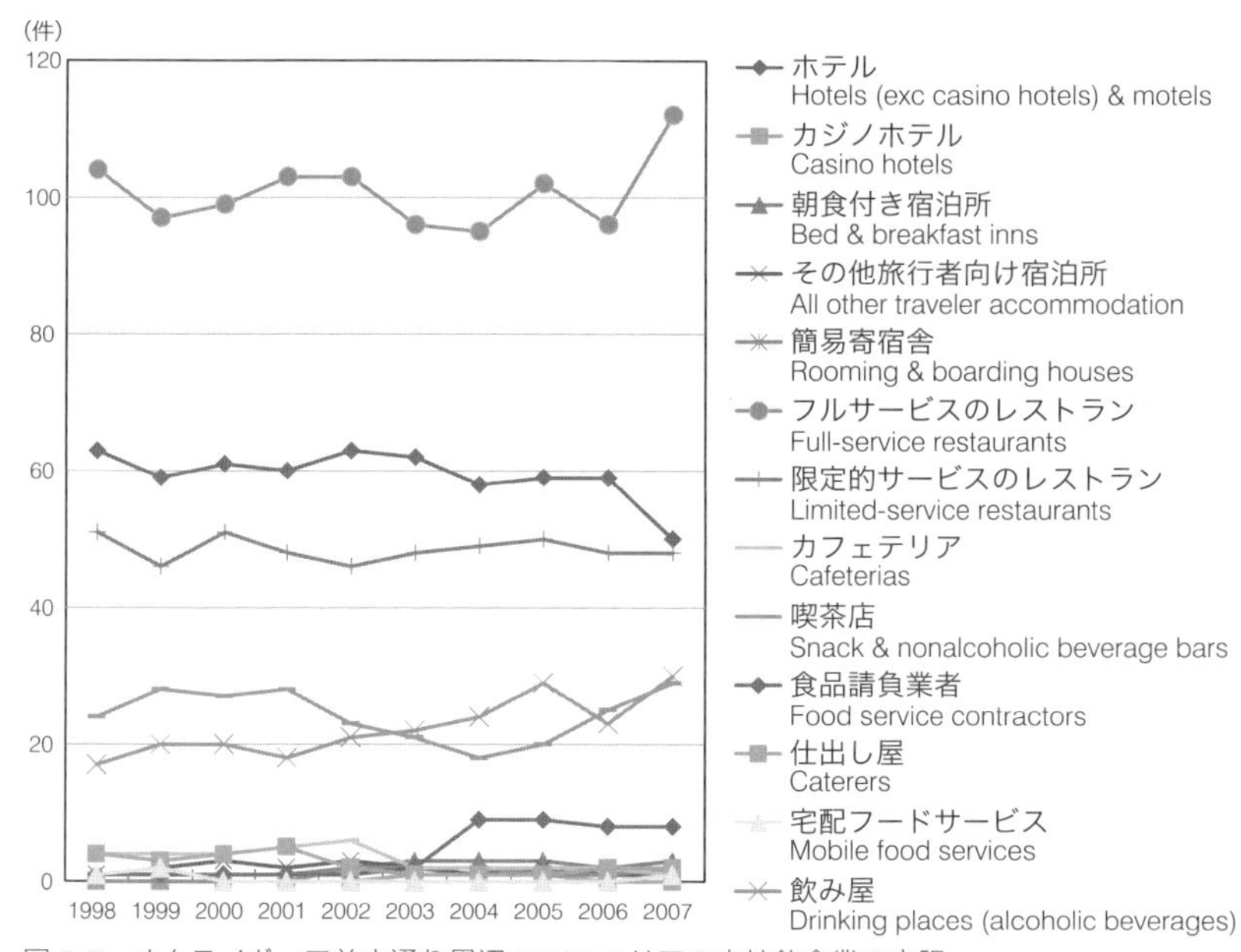

図5･7　オクテイヴィア並木通り周辺94102エリアの立地飲食業の内訳

8 ― ヘイズ・グリーン公園がもたらしたコミュニティ効果

筆者はオクテイヴィア並木通りの整備効果に対する確認作業として、先述したヘイズ・グリーンにおける利用者（周辺住民）6名へのヒアリング調査を実施した。質問項目は表5・2に示す六つとし、各被験者に対し全て対面式にて行った。これより質問1「ヘイズ・グリーンは好きか」、質問4「近隣の住区は好きか」に対する回答結果から、ヘイズ・グリーンならびに近隣住区に対する評価の高さが伺える。さらに質問3「ヘイズ・グリーンで何をしているか」の回答結果より、公園にて、ペットを遊ばせたり、野外での食事や休息、知人との会合などに利用されていることが分かる（現地踏査の結果からもその様子は確認された）。質問5「オクテイヴィア並木通り事業についてどう思うか」との質問に対しては6名全員が良い評価を示し、「以前はとても危険な場所だったが今はとても安全」「デザインや緑の空間が好きだ。またコミュニティによく使われているし、活気があって楽しい場所になった」などの回答が得られている。さらに「このヘイズ・グリーンを境に車が曲がっていく（近隣住区に車が入ってこない）ため、歩行者のための空間になっていてとても良い。おかげで近辺を歩いて気軽に立ち寄れるレストランやショップができた」とのヘイズ・グリーン整備による周辺地区への影響も確認された。一方で「市民参加型で行うコミュニティ・プロジェクトとして進めるのは良いが、具体的な結果を出すのに時間がかかりすぎた」といった合意形成プロセスに対する指摘や「ヘイズ・グリーンは木陰が十分ではないように思う」といった公園自体の植栽量に対する指摘も把握されている。最後に質問6「オクテイヴィア並木通り事業の最も重要な点は何であると思うか」を「遊び場」や「ランドスケープ」といった表5・2

表 5･2　ヒアリング調査の項目と回答結果

被験者No	性別年齢	質問1 あなたはヘイズ・グリーンが好きですか	質問2 ヘイズ・グリーンにはよく来られますか。YESの場合、月にどのくらい来ますか	質問3 ヘイズ・グリーンでは何をしていますか	質問4 あなたはこの近隣街区が好きですか。どのくらい住んでいますか	質問5 オクテイヴィア並木通り事業についてどう思いますか	質問6 本事業の最も重要な点は何だと思いますか［選択肢を提示し該当するものを回答］								
							遊び場	ランドスケープ	駐車	高速道路へのアクセスしやすさ	コミュニティの集まる場	緑地	コミュニティの安全を作ること	不動産価値の向上	その他
1	女性 40代	Yes	Yes 毎日来ている	犬を遊ばせるのにとてもよい場所であると思う	とても好きだ。20 年住んでいる	とてもすばらしい。以前はとても危険な場所だったが今はとても安全である				○	○	○	○		
2	女性 30代	Yes	Yes 毎日来ている	仲間と一緒に昼食を取ったり、会話をしたりしている	とても好きだ。たまに人が多すぎる。5 年住んでいる	とても良い考えだったと思う。しかしコミュニティ・プロジェクトをつくるための具体的な結果を出すのに時間がかかりすぎだ	○	○			○	○	○		パブリック・アートの空間（内容は6ヶ月に一度変えられる）
3	男性 30代	Yes	Yes 2、3 回（1 週間おきくらい）	リラックスしたり、読書をしたりしている	好きだ。1 年ほど住んでいる	とても好きな場所だ。しかし 1 年しか住んでいないので以前のこの辺についてはよく知らない	○				○	○			
4	女性 20代	Yes	Yes 毎日来ている	犬を遊ばせている	この地域をとても愛している。2 年ほど住んでいる	とてもすばらしいアイデアだったし、すばらしいプロジェクトだったと思う。またこのヘイズ・グリーンを境に車が曲がっていく（近隣住区に車が入ってこない）ので、歩行者のための空間になっていてとても良い。おかげで近辺に歩いて気軽に立ち寄れるレストランやショップができた	○			○	○				期間限定でのアート・ディスプレイ。近くのカプセルストリートで行われるイベント
5	男性 30代	Yes	Yes 2、3 回	読書や携帯電話でゆっくり話す（家では子供が騒がしい）。ときどき写真撮影	好き。3 年住んでいる	高速道路がここにあるより良かったと思う。私はランドスケープ・アーキテクチュアの仕事をしているが、ヘイズ・グリーンは木陰が十分でないように思う		○			○	○			近くでフードや飲み物が買える
6	女性 30代	Yes	Yes 1 回	人間観察、休息、ダンス	とても好き。住んで 1 年半くらい	デザインや緑の空間が好きだ。またコミュニティによく使われているし、活気があって楽しい場所になった		○		○	○	○			

※調査日：2010 年 6 月 13 日（日）天候晴れ

に示す九つの項目を提示しながら複数選択で回答してもらったところ、全被験者が「コミュニティの集まる場」を選択し、次いで「緑地」が回答として多い結果が得られた。またその他の意見として、ヘイズ・グリーン中央に設置された円形広場のパブリック・アート（内容は6ヶ月に一度変えられる）や先述した周辺街区での購買行動のしやすさが評価されている様子も伺えた。[*19]

9 ─ 大規模事業からの転換とランドスケープ・アーキテクチュアの役割

以上のオクテイヴィア並木通りの事例をもとに、公共空間の大規模な整備事業からの転換とそこでのランドスケープ・アーキテクチュア[*20]の役割について考えてみよう。

日本においても当初計画されていた大規模な都市基盤整備事業を撤回し、新たに方針の異なる事業へと転換させる場合、関係者間になにかしらのコンフリクト（意見の衝突）が発生することは必至である。オクテイヴィア並木通りの事例においても、通り周辺に位置するヘイズ・バレイ地区とゴールデンゲート・パーク近くの住民との間に、数年にわたるコンフリクトが存在していた。

さらに並木通りの道路設計においても、自動車交通の容量を下げるアクセス・レーンの設置や街路樹の配置に関して、都市デザイナーと交通エンジニアとの多くの議論が存在していたことも既に述べた。しかし、こうした計画者と住民ならびに住民間、専門家間の様々なコンフリクトの発生によって、本事業への社会的な関心が集まり、そうしたコンフリクトの記憶を伝えるメモリアル公園ヘイズ・グリーンが設置される一連の動きは注目に値する。すなわち、芝生やアート性の高い円形広場などによって構成されるヘイズ・グリーンの設置によって、デザイン・コンペ実施による本並木通りとの一体的な沿道整備や周辺の不動産価値の向上、飲食店の増加といった波及効果が生み出されたのである。

さらにジェイコブスらが描き可視化したオクテイヴィア並木通りの景観的向上効果が多くの人々に認識され、整備後の通りに対する期待を増進させたものと捉えられる。加えてそうした専門家間の議論の末に設置された街路樹やアクセス・レーンの存在が、車以外の自転車や隣接する歩道の利用を促進させていた。

以上のことから、事業を巡るコンフリクトは何も悪いことばかりではなく、逆に市民の意識向上と積極的な展開につながる転機となる可能性も示唆される。加えて大規模事業からの転換とともに、にぎわいを形成させた一手段として、ランドスケープ・アーキテクチュアが有効に働いた事例として覚えておきたい。

10 ― 社会的・経済的結節点を創出する

しかし、前述したコンフリクトからの積極的な展開を図るには、単にランドスケープ・アーキテクチュアを導入すれば良いという短絡的なものではない。ヘイズ・グリーンの設計においては、サンフランシスコの特徴的な街路パターンを継承するなど、歴史的な都市の骨格や空間的な文脈に合わせたスケールで公園化されていたことは先述したとおりである。

さらに、コミュニティ・デザイナーとして著名なランドルフ・T・ヘスターはオクテイヴィア並木通りを「結合性」のある場所とし、高速道路による街の分断に代わって、社会的・経済的な結節点をつくり出したと高く評価している。[*21] 本並木通り整備による飲食業や周辺不動産に対する経済的効果に加え、ヒアリング調査からも並木通りに併設した公園ヘイズ・グリーンが都市内のコミュニティ集合場として機能していることが把握されている。すなわち、前述した積極的な展開に役立つランドスケープ・アーキテクチュアの条件として、歴史的な都市の文脈を踏まえたデザインであるとともに、それによって周辺の経済的なにぎわいとコミュニティ形成の拠点を創出できるかどうかは重要といえる。さらに言えば、そうしたランドスケープ・アーキテクチュアによる社会的・経済的結節点を生み出す場づくりが、大規模な整備から生活圏中心の身の丈にあった整備への転換を目指すうえで、有力な支えとなる可能性が見出される。

市民が使いこなすパブリックスペース

1 — 公共空間を使いこなす

筆者は留学していた頃、日曜日になると、よくサンフランシスコ市内に出かけ、散策を楽しんでいた(写真5・1)。日本でも道の駅や路地にて特産市やイベントが行われているが、サンフランシスコにおいても同様に、毎日曜日どこかの通りでガレージ・セールや小さなステージを囲んだイベントが開催されていた。写真5・8はそのイベントの一つであるが、坂の中腹にある平坦な場所にちょっとしたステージを仮設し、坂道を客席として大道芸人たちが芸を披露していた。坂の多いサンフランシスコの特徴をうまく活かしたイベントなのだが、アメリカ人の公共空間を「使いこなそう」とする感覚の一端を見た気がした。普段は車の通る坂道を、傾斜のある客席として使い、あたかも街区を小劇場化しているように見えたのである。

さらにもう一つ、サンフランシスコから北東約100kmのところにあるデービスという町にセントラルパークという街区公園がある（写真5・9）。ここでも毎日曜日にファーマーズマーケットなどが行われており、人々に愛される人気の公園である（写真5・10、5・11）。実はこのセントラルパークは当初、中央を通る4thストリートで隔てられた二つの公園として計画されていた。しかし、公園の設計に携わったマーク・フランシス（カリフォルニア大学デービス校教授）によれば、上記4thストリートをつぶして、一つの公園として連続化して整備することが利用者にとってより好ましいと提案され、現在の形に至ったという（図5・8）[*22]。

筆者が現地を訪ねた際、公園内の本来道路であった箇所に、たくさんの人々がランチボックスを広げ昼食を楽しんでいた。もし道路のままなら、車が通る音や排気ガスに気を使いながらランチが行われていたことになる。車社会の日本、特に地方都市の暮らし方からすれば、車を優先した整備計画の方針が重要視されることも往々にして多い。しかし、この公園では、車のための道路を撤去して、日常生活における歩いて利用する形態を優先し、にぎわいを再生させる効果を導出した。車社会のアメリカで、こうした歩行者優先の整備が実現するのだから、日本でも難しいと無視できる話ではないのである。留意すべきは、今そこにある道路や駐車場といった「人」とはかけ離れた空間を、いかに日常生活のなかで使いこなし、あるときはその存在さえも再考し、新たな空間へと変貌させる姿勢だろう（写真5・12、

写真 5·9　デービスのセントラルパーク

写真 5·8　坂道に座って楽しむイベント

写真 5·11　セントラルパーク（以前は写真中央を道路が通っていた）

写真 5·10　ファーマーズマーケット

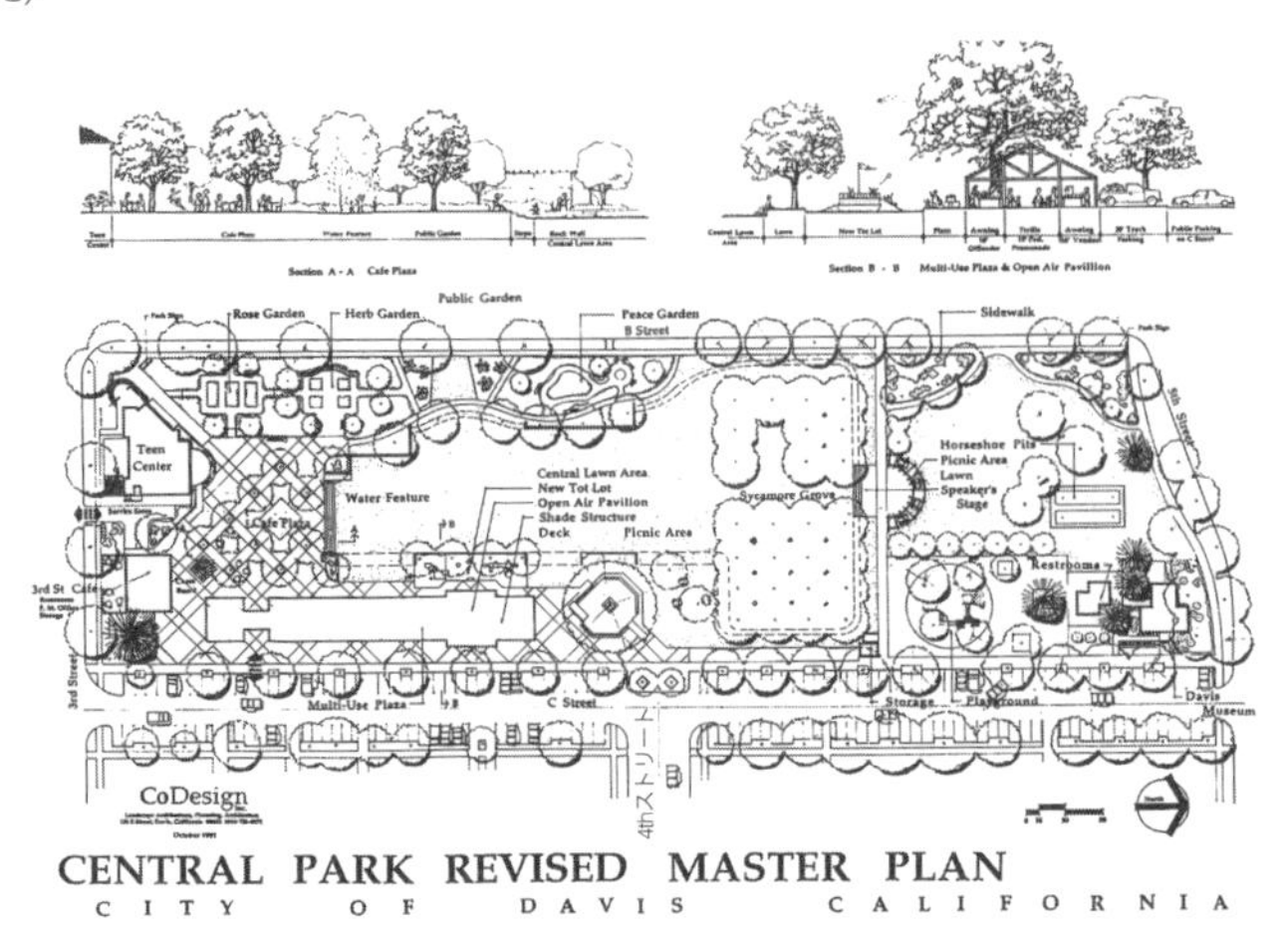

図 5·8　セントラルパークの平面図（出典：文献 22。公園整備前は図下部の 4th ストリートが園内を縦断していた）

5・13）。

都市は常に変化し続ける。地方都市に住む人々の生活や行動も変わりつづけている。今ある制度や都市基盤に安住せず、その都市が抱える課題を解決できる変化にチャレンジする姿勢が求められている。先述した大分県の昭和通り改修プロジェクト（リボーン197）でも、府内城のお堀沿いに昔からあるクロマツを残しつつ、車線を1本なくして歩道拡幅を事業化させていた。アメリカが全てうまくいっているとは思わないが、わが国においても、地方都市の活性化、もっといえば生き残りをかけた、公共空間の使い方、使われ方を再考する時代に入ったといえる。

2 ─ 視線をデザインする

前述した警固公園では、微地形のデザインなどによって「見る・見られる」関係がつくり出されていた。「人が人を呼ぶ」ことは経験的にも理解しやすいが、筆者はにぎわいを再生するデザインの考慮すべき事項として「視線をどのようにコントロールするか」は極めて重要なことだと考えている。次に紹介するオークランド市のラファイエット・スクエア公園（Lafayette Square park）は、警固公園と

写真5･12　サンフランシスコ・マーケット・ストリートで行われているチェス

写真5･13　サンフランシスコ・ミッション・ストリート近くの交差点

は逆に視線を遮ることで、多様な利用者の利用を可能にした事例である。

高齢者に親しまれていたラファイエット・スクエア公園は、いつしかホームレスや麻薬常習者、売人が蔓延り、一般市民の近づきにくい場所と化していた。カリフォルニア大学バークレイ校の教授で、ランドスケープ・アーキテクトのウォルター・フッド（写真5・14）は、非営利の地元コミュニティ協会と市の公園・レジャー担当部局との協働によって、この公園の再生プロジェクトに携わり、大きく二つの特徴を持つデザインを提案した。

一つは公園中央部に直径13m高さ1・7mほどの丘を設置し（写真5・15）、プレイグラウンドで遊ぶ子どもたち、キャノピーや木陰で休む人々、トイレで散髪する人など、園内の視線をほど良く遮るデザインが施された点である（写真5・16）。さらに先述した丘のまわりにあるプレイグラウンドやキャノピーエリアに加え、植栽やベンチのエリアなど、異なる利用形態の場がコンパクトに空間化されており、その混成体として公園のデザインがなされている（写真5・17）。オークランド市はカリフォルニア州のなかでも治安の悪い都市として有名であり、人種の混成率も高い。フッドはホームレスなどの社会的弱者を排除するのではなく、丘によって共存でき

写真5･14　設計演習クラスでのウォルター･フッド教授（写真右端）

る公園の可能性を示唆したかったともいえる。[*23]

本章の冒頭でも述べたように、アメリカと日本の治安情勢は全く異なり、カリフォルニア州で最も人種の混成が多いオークランド特有の事情もある。ここで覚えておきたいのは積極的に交流を取りたくない、もしくは属性も違って互いにあまり干渉してほしくない利用者同士の関係を、視線を「遮る」ランドスケープ・デザインによって緩和し、一つの空間における利用価値を最大限高めた手腕である。見たいものは「魅力的に見せる」、見たくないものは「ほどよく遮る」視線のデザインが、一体的な空間と利用を可能とし、活性化とにぎわいの創出につながるヒントを見せてくれている。

3 ― 世界遺産登録に勝る、自国ブランドへの誇り

アメリカには国立公園（National Park）があることで知られているが、そのうちの一つニューメキシコ州にある「カールズバッド洞窟群国立公園」に伺った際の話である。同公園には83の洞窟があり、洞窟群の中で最大の部屋「ビッグルーム」や全米で最深のレチュギア・ケイブなど、石灰岩で構成される柱やつららの見事な洞窟である（写真5・18）。実はこの洞窟群国立公園は世界遺産に登録され

写真5･16　園内の視線をコントロールしながらデザインされた公園

写真5･15　ラファイエット・スクエア公園中央部に設置されている丘

ているのだが、筆者は現地のビジターセンター（写真5・19）で世界遺産登録を記念した銘板などを見つけることができず、公園内の自然保護に従事するパークレンジャーの1人にそれとなく聞いてみた。すると驚いたのが「知らない」との返事で、彼自身、カールズバッド洞窟群国立公園が世界遺産であることを知らなかったのである。

また彼はこうも続けた。「世界遺産よりも、ここが国立公園であることに誇りを持っている」と。実はパークレンジャーとはいえ、彼だけが知らないかと思い、他のレンジャーにも同様の質問をしてみたのだがやはり回答は同じだった。それから筆者は、アメリカ全土で世界遺産に登録されている他の国立公園、グランド・キャニオン（写真5・20）、イエローストーン（写真5・21）、エバーグレーズ（写真5・22）、ヨセミテ（写真5・23）の4公園を訪ねたのだが、やはり世界遺産の銘板は見つけることができず、同様の質問も答えはいつも国立公園に対する自負であった。

アメリカには国定歴史建造物（National Historic Landmark）といった文化遺産保護制度（写真5・24）もあるのだが、先述したように国立公園に指定されていることへの特別意識、名誉に思う気持ちは、公園の職員皆、羨ましいくらい明らかな様子であった。勿論、先進国アメリカの国民性も多少あるかもしれないし、国立公園に指定されることで国からの予算的な支援[*24]も受けられ、余計にそのような気持ちになるのかもしれない。しかし、

写真5·17　丘からみたプレイグラウンドとベンチ空間

写真5·18　カールズバッド洞窟群国立公園

写真 5・19　カールズバッド洞窟群国立公園のビジターセンター

写真 5・20　世界遺産登録されているグランドキャニオン国立公園

写真 5・21　世界遺産登録されているイエローストーン国立公園の「ジャイアント・ガイザー」

写真 5・22　世界遺産登録されているエバーグレーズ国立公園

写真 5・23　世界遺産登録されているヨセミテ国立公園

写真 5・24　国定歴史建造物 (National Historic Landmark) の銘板

いずれにしても、日本の事情とはまるで違うことを痛感させられた。世界遺産を否定するつもりは毛頭無いが、自国で価値があると認められた場所や地域を、世界にとっても誇りに思う気持ちは、日本人にとって大事な何かを教えてくれているようにも感じる。

4 ― プロフェッショナルの育成

ここからは人材育成に話題を移して述べてみたい。ランドスケープ・アーキテクチュアを中心に世界各国で実績を持つ The SWA Group（以降ＳＷＡ）は、１９５７年、佐々木秀雄とピーター・ウォーカー（写真５・25）によって設立された。両氏はハーバード大学での教鞭経験もあり、ここで紹介するインターンシップ・プログラムは、約30年間続くものである。

毎年行われるプログラムには世界中の学生から応募があり、筆者がオブザーバー兼ゲストクリティークとして参加した２０１０年度は、１２５名から６名が選抜される狭き門であった。プログラムの期間は約８週間、初めの４週間を事務所内（カリフォルニア州サウサリート）のデザイン・スタジオ、残りの４週間を各自配属された米国内の事務所で過ごす。デザイン・スタジオではＳＷＡが関

写真5･25　ピーター・ウォーカー氏（写真左：2010年5月に氏が現在代表を務めるPWP Landscape Architectureにて）

わりを持つ町や敷地の計画・設計プロジェクトを課題として設定している。

2010年度はサンフランシスコから北東40kmほどのところにあるヴァレイホという町の中心街ならびに隣接する臨海部の活性化プランの提案であった（図5・9）。ワインで有名なナパ・バレーへの通り道となるヴァレイホはサンパブロ湾につながる特徴的な瀬戸に隣接し、100年以上続いた造船所を持つ古くからの港町である（写真5・26）。しかし、1996年に造船所が閉鎖されたことで街は一気に衰退し、2008年にはカリフォルニア州で破綻した最も大きな町となってしまった。船を修理するドックなどは今も残され、街には少ないながら歴史的建造物も現存している。学生たちはSWAのスタッフとともに現地踏査（写真5・27）、地元関係者とのディスカッション（写真5・28）、有識者からのレクチャーを受け、グループ作業と最終的には学生個人

図5·9　ヴァレイホの位置

で提案内容を図面化し、発表する。またスタジオでは第1週目に「アーバン／リージョナル・プランニング」、2週目に「アーバン・デザイン／オープンスペース」、3週目に「ダウン・タウン」、4週目に「ウォーターフロント・デザイン」と週ごとにテーマが設定され、課題対象地について、より広範な視点から具体的なデザイン案へ、徐々に焦点を絞っていく構成が取られている（図5・10）。

学生の指導には「プリンシパル」と呼ばれるチーフ・デザイナーを中心に、担当スタッフが決められており、各週末には中間発表、また第4週目には最終発表会が設定されている。プリンシパルは学生と同じテーブルを囲みながら、調査や作業のポイント、プレゼン方法などについて、かなり具体的な指導を行っていた（写真5・29）。印象的だったのは、活性化プランを提案するにあたり、ヴァレイホにおける街区ごとの不動産価値やウォーターフロント周辺の地価を学生たちにしっかりと調べさせ、議論していた点である（図5・11）。学生自身に自分たちが提案しようとしているプランがあまりにも浮世離れしていないか、その土地の使われ方として理にかなっているか、現実的かどうかなどについて、経済的な観点から確認させようとする狙いが見て取れた。

最終発表会ではSWAのみならず他事務所のデザイナーを含め、

写真5・26　ヴァレイホの造船所周辺

写真5・27　現地踏査

写真 5·29　プリンシパル、エリザベス・シュリーブ氏による指導

写真 5·28　地元関係者（ヴァレイホ市行政官）とのディスカッション

2010 SWAサマープログラム：
ヴァレイホ街区・ウォーターフロント

PART 1: Four week-long studios exploring design concepts for Vallejo′ s Downtown and Waterfront. Emphasis on sustainable aspects of reuse, revitalization, and connection to water and green space.

第 1 週目 アーバン/リージョナル・プランニング
Group project to study region′ s natural and man-made systems and establish analytical framework and master plan.
Shreeve/Hynes/Peck

第 2 週目 アーバン・デザイン/オープンスペース
Small team project to explore options for downtown/waterfront connections, using green space and linkages as building blocks.
O′ Malley/Sun/Templeton

第 3 週目 ダウン・タウン
Individual or small team project to explore possibilities for a new urban campus as to catalyze revitalization of downtown.
Hung/Lin/Coulter

第 4 週目 ウォーターフロント・デザイン
Individual project for design of the public waterfront and individual objects within it.
Slaney/Newton/DeWitt

PART 2: Month-long internship at a one of SWA′ s offices.

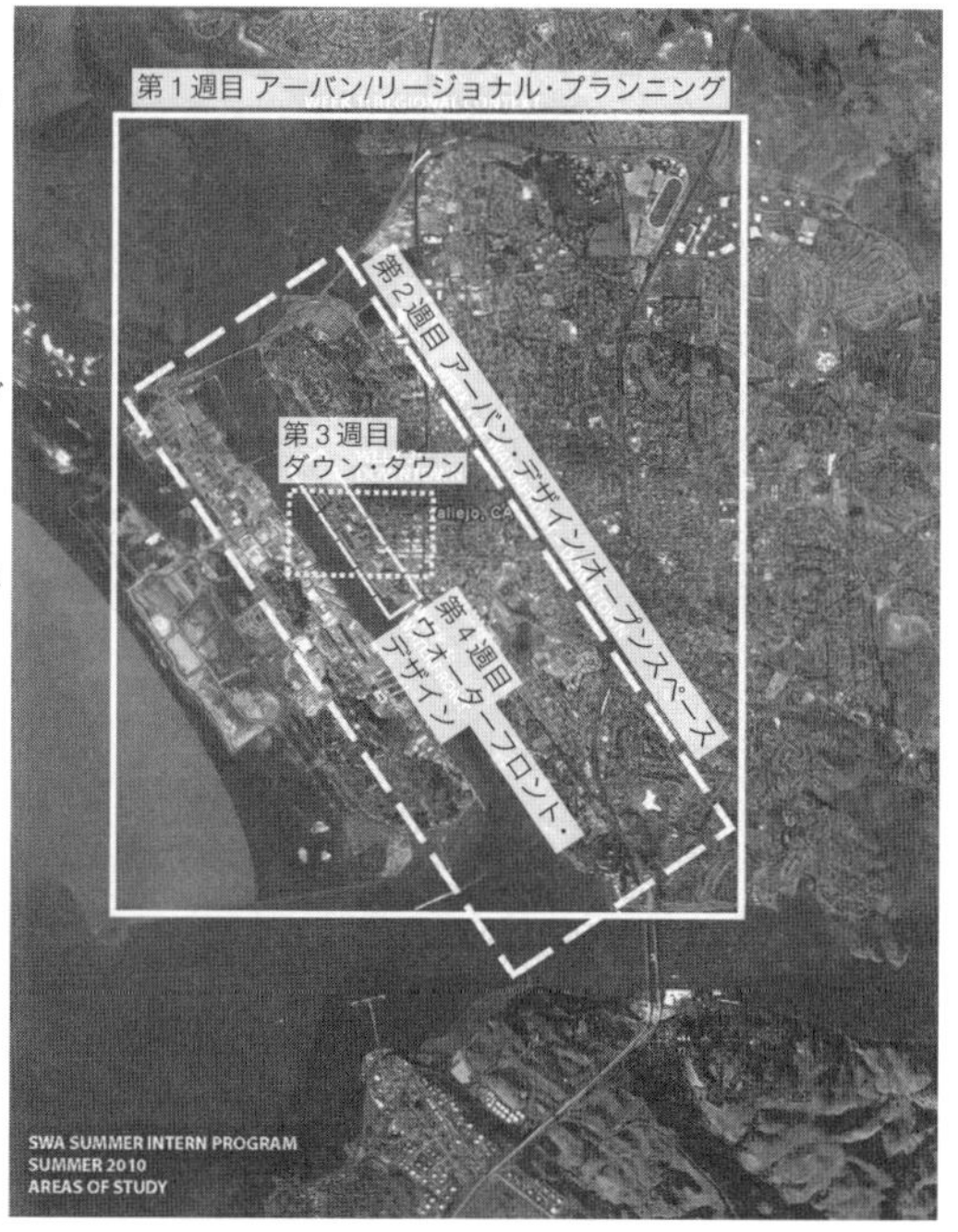

図 5·10　プログラム対象敷地と検討内容（提供：SWA）

地元コミュニティや自治体など多くのゲストが招かれ、学生の提案に対して丁寧に批評やアドバイスが行われていく（写真5・30）。学生の提案に対して厳しいコメントも飛び交うなか、ヴァレイホの将来について真剣に議論する発表会の雰囲気は印象的であった。期間中はほぼ毎昼食時に、これまでSWAが行ってきたプロジェクトの紹介と質疑応答の時間も設けられている。学生たちは事業経緯やコンセプト立案、計画・設計の手法など、各国で活躍するデザイナーから実務に関わる生の声を聞き、大学の授業ではなかなか出てこない現場や都市、社会の実情を学ぶことになる。

プログラムを総括するSWAプリンシパルのエリザベス・シュリーブ氏にインターンシップについて尋ねたところ、彼女は以下のような話をしてくれた。

写真5･30　地元コミュニティや自治体関係者も招いて行われる最終発表会

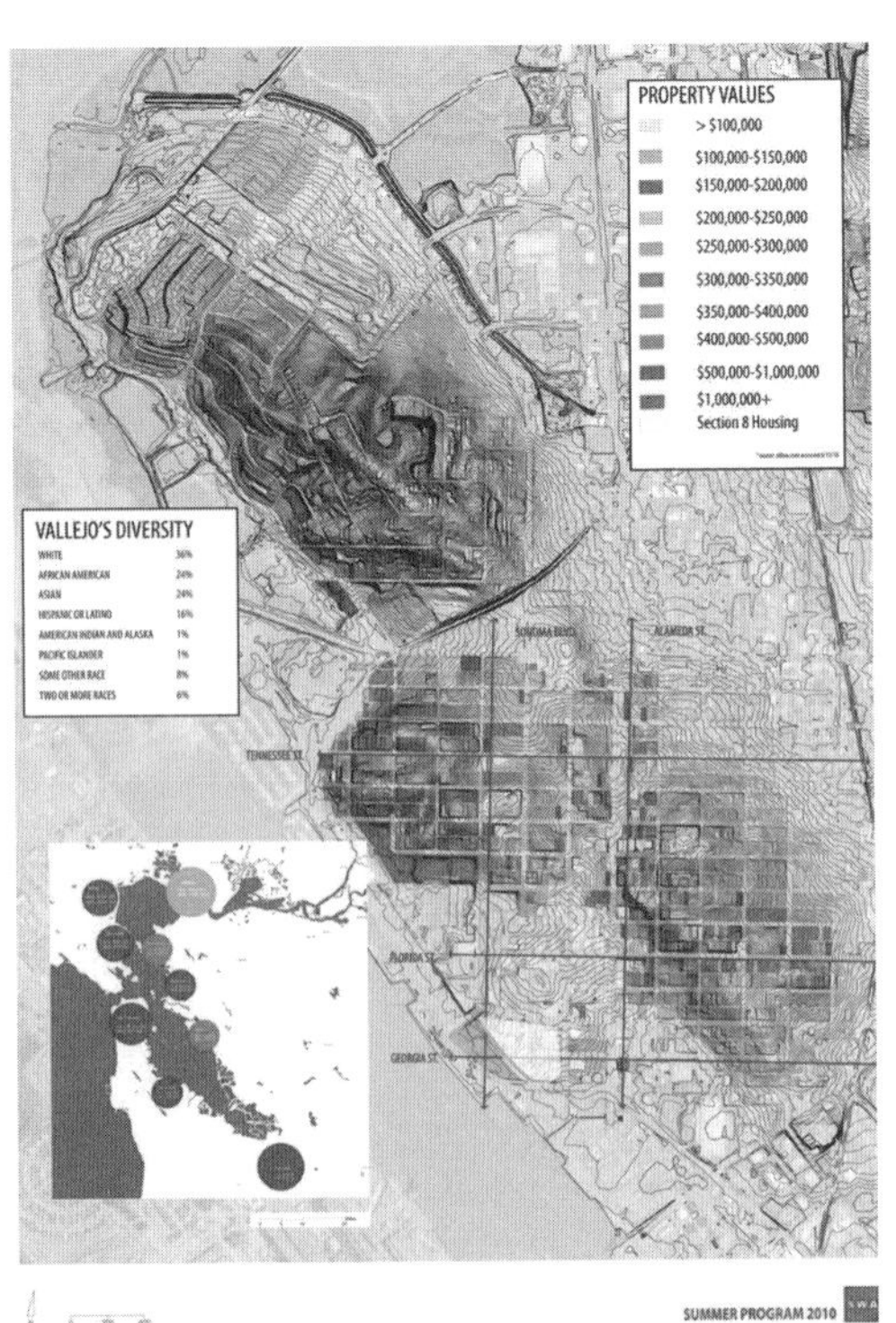

図5･11　ヴァレイホ市街地の不動産価格に対する学生たちの調査結果（提供：SWA）

「インターンシップの重要な点は学生側と企業側の二つの見方で異なる。学生にとっては、オフィスで働きながら実際のプロジェクトや実務に携わるデザイナーから直接知識やアイデアを学べる機会があること。企業にとっては、教育的なプログラムを通して学生をよく観察し、優秀な若手人材を自分たちの会社に引き抜ける利点がある」と。

我が国においてもインターンシップの重要性は認知されており、学生の学外実習の場としてプログラム化されている大学も多い。しかし、学生に対する実践的な教育と企業側の人材発掘の場としてインターンシップが十分に活用されているかどうかは若干疑問も残る。景気回復の兆しが見え隠れする昨今、企業が時間やお金をかけたインターンシップをどの程度実施できるかは分からない。しかし、そのような時代だからこそ、こうした手間暇かけた学生と企業との密なやりとりが、時代を変えてくれる人材の育成につながる糸口となるのかもしれない。

注釈・文献

＊1　Stilgenbauer, Judith "The return of an archetype:San Francisco's Octavia Boulevard", *Topos: the international reivew of landscape architecture and urban design*, No.53, pp.74-79, 2005
＊2　Jacobs, Allan B., Macdonald, Elizabeth, Rofe, Yodan, *The Boulevard Book*, The MIT Press, p.238, 2002
＊3　Lathrop, W., "San Francisco Freeway revolt", *Transportation Engineering Journal*, 97, pp.133-144, 1971
＊4　Cervero, Robert, Kang, Junhee, Shively, Kevin, "From elevated freeways to surface boulevards: neighborhood and housing price impacts in San Francisco", *Journal of Urbanism*, Vol. 2, No.1, pp.34-35, 2009
＊5　前掲（＊4）p.35
＊6　Weiner, E., *Urban transportation planning in the United States*, Westport, CT:Praeger, 1999
＊7　前掲（＊2）p.238
＊8　エンバルカデロの高架橋が撤去され、地上道路の整備が完了したのは２０００年６月、中央高速道路がマーケットストリートの南側

に戻されたのは２００３年８月、その約2年後２００５年９月にオクテイヴィア並木通りが開通している。
＊９　前掲（＊１）pp.74 - 79
＊10　Collyer, Stanley, "New Beginnings for Octavia Boulevard: San Francisco Prize Housing Competition", *Competitions*, 2006 spring, Vol.16, No.1, pp.4-15, 2006
＊11　前掲（＊１）pp.74 - 79
＊12　前掲（＊２）p.242
＊13　前掲（＊２）p.240
＊14　前掲（＊４）pp.34 - 35
＊15　またセヴェロは文献Systan,Inc., "Central freeway evaluation report. San Francisco", 1997, *CA: City and County of San Francisco Department of Planning* を参照し、整備前から中央高速道路を利用していたドライバー８０００人に対する郵送式アンケート調査の結果から、高速道路の閉鎖後、ドライバー全体の66%が他の高速道路、11%が一般道路、２・２%が公共交通機関に利用を転換させたことを示唆している。
＊16　http://www. zillow. com/
＊17　２００５年１月の並木通り周辺の不動産平均額は１０６万３８００ドル、２００６年７月では１２２万５５５０ドルであり、約15・２%の上昇率を示している。これに対しＳＦ平均額は２００５年１月が75万３０００、２００６年７月は78万１０００ドルとなっており、上昇率は３・７%と並木通り周辺に比べてかなり低い。
＊18　http://www. census. gov/
＊19　これらの成果は拙著「大規模都市基盤整備事業からの転換とランドスケープ・アーキテクチュアの役割に関する研究―サンフランシスコにおけるOctavia並木通りの事例を通じて―」『日本都市計画学会学術研究論文集』Ｖｏｌ47、Ｎｏ１、35～43頁、２０１２年４月にて詳述している。
＊20　アメリカでは主に私的な庭に関する設計行為について「ランドスケープ・デザイン」と言う傾向があり、公園などの公共領域を対象とするものには「ランドスケープ・アーキテクチュア」と呼称する傾向が強い。よって本章では同国での語意の傾向を尊重し、「ランドスケープ・アーキテクチュア」と記述している。
＊21　Hester, Randolph T., *Design for Ecological Democracy*, The MIT Press, 2006, p.54
＊22　Mark Francis, "Making a Community's Place", *Democratic Design in the Pacific Rim-Japan, Taiwan, and the United States*, Ridge Times Press, 1999, p.171
＊23　前掲（＊21）p.81
＊24　２０１０年、筆者はアメリカにおける国立公園制度からの資金援助について聞き取り調査を行っている。その結果、公園規模48万７３５０ヘクタール（年間のパークレンジャー数２５０人）のグランド・キャニオン国立公園（アリゾナ州）で年間約２１８６万６０００ドルの充当金があり、２２４ヘクタールの森を保全するミュア・ウッズ国立公園（カリフォルニア州。２０１０年時のパークレンジャー数４名）では、レンジャーへの給与を含めて、年間約１００万ドル（約１億円）の予算を持っている状況を把握している。

第 6 章

地方都市の日常を支える市民参加と合意形成

公共空間整備に不可欠な合意形成力

ここまで見てきたように、地方都市において公共空間を整備し、活性化を導くうえで、様々な人々の意見を束ねる「合意形成」が重要な鍵となる。例えば、都市マスタープランなどの、施設や空間整備の方向性あるいは重要度を決めるまちづくり方針を、行政のトップダウン型から住民参加型で決めることはもはや当たり前となった。また公共空間自体の整備方針についても、周辺住民などがメンバーとなる協議会やワークショップで話し合われる手順が一般的となって久しい。

施設の稼働率や維持管理を考える際、そこを利用する（もしくは利用を促したい）人たちのニーズを把握することは勿論、異なるステークホルダー（利害関係者）の意向を集約し、具体的な整備方針を導かなければならない。また近年注目を集める公民連携においても、民間による公共空間の整備、活用を行政がどこまで認め、いかに支えるか。市民の血税を司り、公共サービスの平等性を旨とする行政と、様々な規制を突破することで新たな可能性と利益を生み出そうとする民間とでは、当然、思想的衝突や具体策の折り合いをつける作業が必要となる。また他の属性や組織間だけの話ではない。地方都市で活性化施策を展開していくうえで、建設課は建設の仕事のみ、文化・教育課は文化・教育だけを見ていればいいといった縦割りでは到底成功しない。実は、仲間内というか、行政内部の部署間の連携や合意形成が最も難しいと言っても過言ではない。活性化を導く公共空間のデザインとマネジメントには、合意形成力の養成は必須といえるのである。

本章では行政、住民、民間組織など、様々な組織や属性の人たちが連携、合意形成するために、いかなる手法や要点があるか、前述した東峰村や佐伯市大手前地区などの事例を交えながら、述べてみたい。

合意形成プロセスの要点

合意形成プロセスと一言で言っても、地方都市の活性化を目指す空間整備においては、単に計画案の中身をしっかり話し合えば良いというものではない。冒頭でも求められる三つのポイント「N・H・K」について述べたが、後述するワークショップなどの中身（プログラム）や議論の方向性を考える際に、筆者は以下の点を留意すべきと考えている。

1 ― 広域から局地を捉える

活性化拠点施設などの計画協議においては、つい準備された施設エリア（あるいは含まれたとしても周辺の歩車道や面した建物）の入った図面に引っ張られ、局所的な議論に集中しがちである。施設に求められる機能や整備方針は、予算や敷地内の制約条件から考え始めるのではなく、まず周辺や施設エリアを含む地域全体の現状や課題について話し合うところからスタートすべきである。整備するその場所だけを見るのではなく、より広く地域全体の状況を捉えた上で、その場所の位置づけや求められる「こと」「もの」を探り出すことが肝要である。また地域全体から考えることで、周囲にある他の施設や設備との重複を抑制し、「同じようなものをまたつくった」もしくは「地域内でお客さんの取り合いになった」など、整備自体による周辺へのマイナス効果を是正することにもつながる。活性化拠点施設が潤っても、その分、別の施設に辛いしわ寄せがいくような仕事を、特に公共が行うべきではない。あくまでも施設の整備によって地域全体が潤い、活性化するものでなければならない。施設から波及効果を促すための要件は何かをまずもって話し合い、施設の計画方針について合意形成していくことが重要なのである。

実例を紹介しよう。写真6・1は第3章で紹介した福岡県東峰村旧小石原小学校の跡地利用計画を考えるワークショップの成果物である。第1回目のワークショップでは敢えて施設の中身や計画方針に踏み込まず、まずは村全体の良いところ、悪いところを地図上にプロットして共有するところから始めた。これにより前述した村の窯元や窯業体験施設の課題を共有し、体験施設がカバーできていない少人数の観光客をターゲットとすることや、弟子候補となる若者や移住を考えている人たちの宿泊先としての機能を跡地につくる方針が導き出された。

また図6・1は大分県津久見市における「湧水めだか公園」の設計ワークショップの成果物であるが、公園の敷地周辺だけでなく、地区全体の特に子どもたちがどこで何をして遊んでいるか、また周辺にどのような公園が立地しているかを地図上で共有している。これにより、すぐ近くにあるボール遊びができる公園との差別化が図られ、めだかが生息できる水路に加え、これまで地域には無かった、より小さな子どもたちの水遊び場が設けられた（写真6・2、6・3）。また周辺にあった二つの公園を含め、各

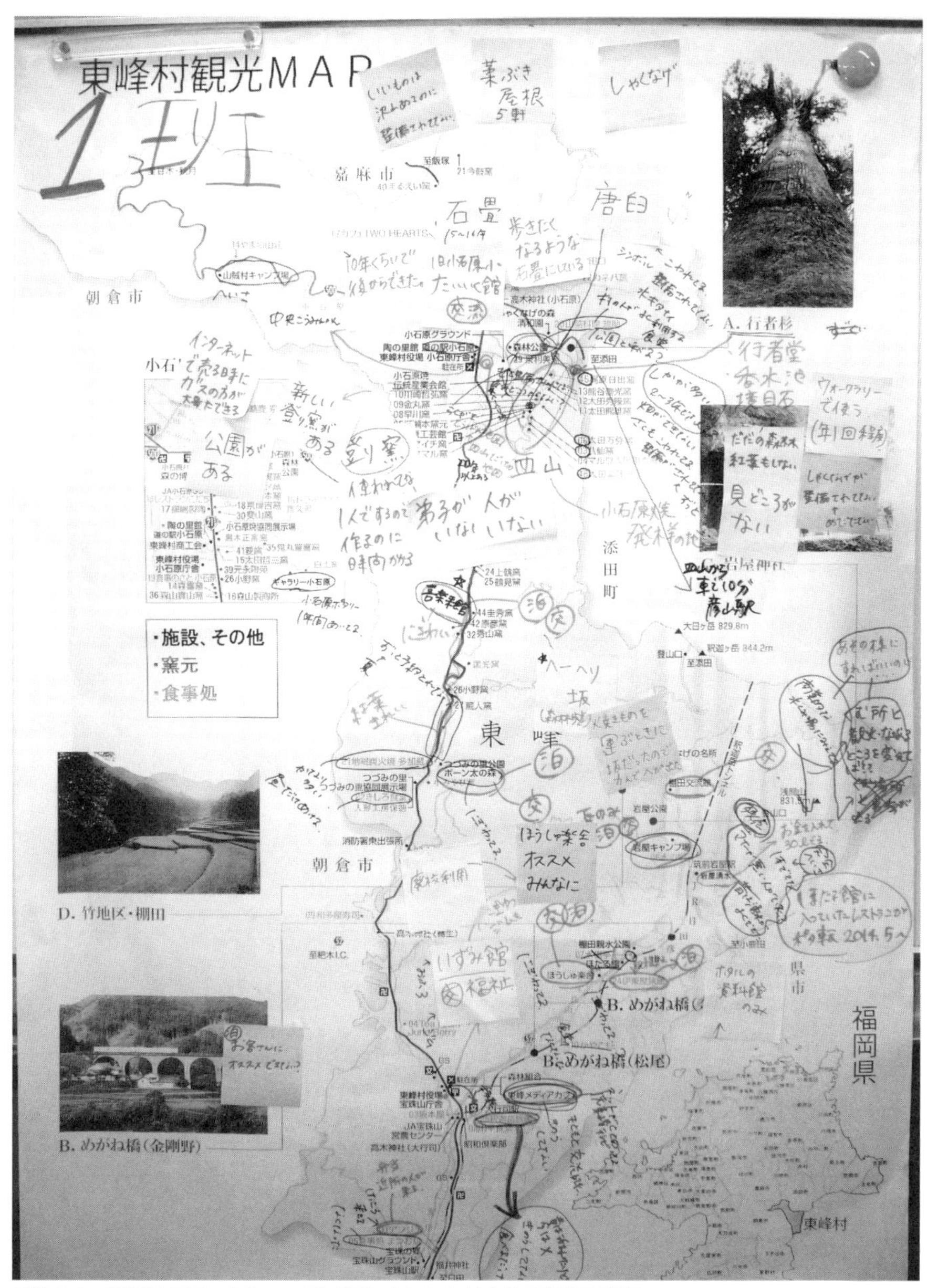

写真 6･1　東峰村のワークショップで話し合われた村全体の現状と課題

図6·1　大分県津久見市「湧水めだか公園」設計ワークショップで得られた地区全体の現状と課題図

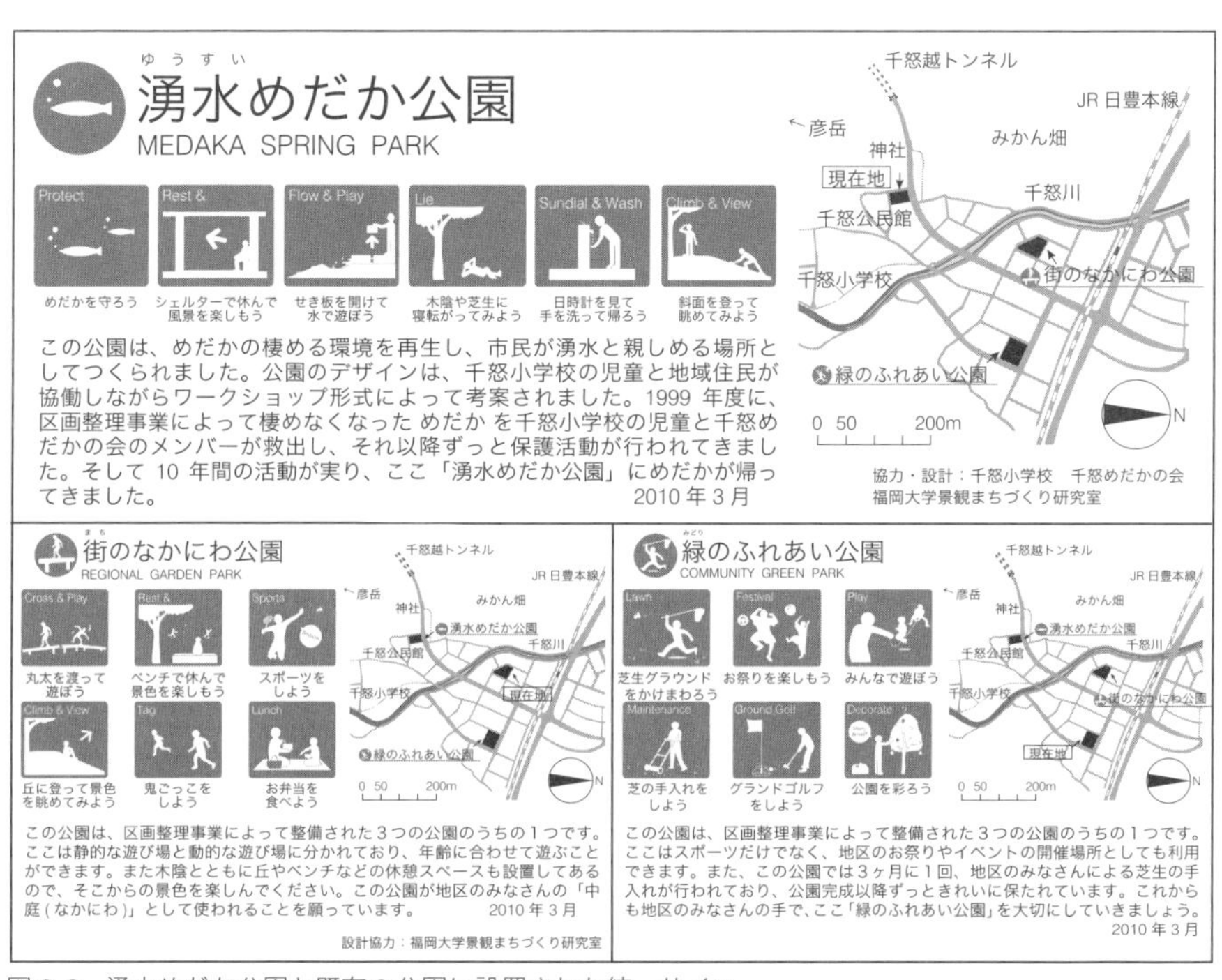

図 6·2　湧水めだか公園と既存 2 公園に設置された統一サイン

写真 6·3　水遊び場　　写真 6·2　湧水めだか公園

公園の機能的な特徴を明記した統一サインを3公園同時に設置し、公園間のつながりを意識させることで地区内にある遊び場の連携が図られている（図6・2）。

2 ― 施設整備を課題解決の契機に変える

活性化を目指すまち、あるいは地域では、前述したように何かしら頭の痛い課題を抱えていることが多い。地方都市では過疎化や中心市街地の衰退、観光産業の停滞などがよく聞かれるが、実は公には挙がってこない課題が活性化を妨げている要因になっている場合も多く、そうした意味でも、まずは施設の中身よりも広い視野で考えることが大切である。

第3章で紹介した大分県佐伯市では、前述したようにかつてにぎわいの中心地であった大手前地区の再開発を目的とし「大手前まちづくり交流館（仮称）」の整備計画が進められることとなった。実は前述した本整備計画の市民会議（79頁）において、佐伯市で現在使われている佐伯市文化会館が老朽化し、かつ民間の所有地にあることから毎年の賃貸料の負担も大きいことがまちの課題として把握されていた。そこで交流館には市民ホールの機能を入れ込み、上記文化会館を代替する施設としてまちの問題解決が図られた。また佐伯市では「食育」の活動が盛んであるのに対し、既存施設の使いにくさが市民会議において把握されていた。これを受けるかたちで、本交流館の1階には、ゆったりと使い勝手の良いキッチンコートが完備され、食育活動支援室を設けるプランが合意形成されたのである。ガラス張りの同支援室は公道に面しており、活動の様子が見えやすい工夫がなされているのも、にぎわいに対する設計者の考えを市民との話し合いのなかで洗練させていった結果である。また同交流館の最終プランでは、大手前地区の老朽化した既存バスターミナルを本複合施設の整備に盛り込み、先述したようにバスの進入ルートを変更して、地区内にある既存店舗と施設を行き交う人の動線をつくり出すことに結実している（図3・14）。市民会議にて出されていた既存バスターミナルに対する問題意識を解消したかたちでプランが提示されたことは、積極的な合意形成につながったものと考えられる。同交流館の評価は無論完成後に待たなければならないが、単一機能ではなく、まちの課題を解決しながら、多くの利用を見えやすくした複合施設の計画案づくりは、にぎわい再生を目指す活性化施設の議論として極めて重要といえる。

3 ― 普段の利用を中心に考える

施設のにぎわいを目指すうえで、できる限りたくさんの人たちに来てもらいたいと考えるのは当然である。そのため、できる限り大きく、あるいは広く収容できる施設規模が検討されるわけだが、その際、休日やお祭りなどの最も人が集まるイベント開催時の集客データが根拠となることが多い。何度も言うようだが、ここで忘れてはならないのが「施設を日常的にどのくらいの人たちが利用するのか」の視点である。例えば、活性化拠点と銘打った施設や場所が、年に数回のイベント時もしくは土日祝日以外、人がおらず閑散としていて良いのだろうか？　しかも、市民の税金を注ぎ込んだ公共施設である。冒頭で述べた「ハコモノ」と言われる公共事業批判は、こうした閑散とした様子に対する失望が契機となることを十分認識しておかなければならない。

また行列のある店がさらに人を並ばせるのと同様に「人が人を呼ぶ」ことは読者の理解も容易であろう。それは、逆もまた然りであって、人がいない状況はより人の寄り付きをなくしてしまう。日常的な光景はその場所のイメージ形成に大きく影響する。にぎわいを再生させる活性化拠点整備のポイントは、日常的な利用者の数を徐々に増やしていくことが得策である。改めて念を押しておくが、適正な規模のなかで日常的に人がいる光景をつくり出し、その施設あるいは場所のイメージを良くすることでプラスの循環構造をつくり出すことが大切なのである。前述した佐伯市大手前の市民ホールの計画においても、既存の文化会館の大ホールの席数が1308席であったことから、同程度の規模を望む声もあった。しかし、現状の文化会館の稼働率や他市のホール利用率のデータを市民会議にて共有し、使い勝手と最も稼働率の良い800席を基本にホールの大きさが決められ、設計が進められていった。前述した交流館の基本コンセプトの一つ目に「いつでも気楽に集まれる憩いの場所」が掲げられ、先述の市民ホールに加えて中ホールや大中二つのスタジオが設けられるなか、これらをつなぐエントランスロビーからフリースペースの至る所にテーブルとイスが配置される案となっている（図6・3）。佐伯市民が日常的に「ふらっと」立ち寄れ、お金を使わずとも長く過ごせる場所の提供が目指されたことは重要なポイントであったといえる。

図6·3　大手前まちづくり交流館内の空間構成案（作図：㈱久米設計、㈱スタジオテラ）

4—ターゲットは誰か——その後の利用者と支援者づくり

活性化につながる施設を継続的に利用してもらうには、当然のことながらニーズの調査は不可欠である。ここで課題となるのが「誰のニーズ」を中心に考えるかであるが、前述した普段利用の重要性からして、周辺に住み、リピーターにもなりやすく、かつ既に施設を使いたいと思っている人たちの意向を把握することは極めて重要である。

前述した大手前まちづくり交流館の基本設計段階においても、将来的にホールや食育施設などを利用する、もしくは企画を実施するキーパーソンに集まって頂き、施設内の諸室ヒアリングとして具体の要望を聞く場を設けた。これにより施設の中身に対する直接的な市民のニーズと、実際に利用可能性の高い人たちの意見から、規模や機能に対する取捨選択と優先順位の議論を効率的に行えたものと考えられる。同時に完成後の利用イメージを具体的に持ってもらい、将来の利用者ならびに維持管理などに対する支援者の養成が心掛けられた。

ある自治体の施設整備に関する検討委員会で、整備案中に設置が予定されている広場に対して「この広場は誰が利用する想定なのか」質問したことがある。これに対し、担当者の方からは「多様な方々の利用を考えている」との返答があった。無論、特定の人たちにしか利用できない広場などナンセンスな話だが、この聞こえの良い「多様」という言葉には注意が必要だ。具体的なターゲットが例示できない「多様」という言葉は、実は何も考えられていない可能性もある。結局のところ、誰にとっても利用しづらい中途半端な広場となってしまわないか。特に、抽象的で聞こえの良い言葉が単にプロジェクトを進めたい、円滑に合意形成を取り付けたいだけの方便として使われるとき、活性化はおろか、それ相応の批判と責任が後からついて来ることを、特に行政職員は自覚しておく必要がある。

ワークショップの心得

1 ワークショップと説明会の違い

もはや「ワークショップ」という言葉を聞いたことがないという方は希少ではないか。ワークショップとは参加者のグループ作業を基本とし、意見の把握、共有と創造的な学習の場と言える。ワークショップに関する成果、あるいはより細かな話し合いの仕方、技法などは、既に多くの知見が蓄積されており、示唆に富む著作が多く存在する。[*1] しかし、ワークショップという言葉の定義や日本語訳は未だ明確でないようにも感じられ、住民や行政職員のなかには、時折「ワークショップ」と「説明会」を混同されている方もおられる。

両者は全く異なる性格のものであるが、大雑把に言えば「説明会」は設計や計画を主導する説明者と聞き手である市民の席が向かい合って行われる会が想定される。これに対し、ワークショップは、参加者の創造性や主体的な作業を基本とし、説明会のような向かい合った対立的な空間構成を避けることが前提となる（図6・4）。行政と市民の対峙ではなく、あくまでも行政あるいは設計者と市民、市民同士の創造的な話し合いの場であることを覚えておきたい。例えばワークショップの会場準備においては、参加者が様々な方向を向いて席に着くことで視線の交錯を図るなど、参加者の分裂を防ぐ一体的な雰囲気づくりに配慮することも大切である。

さらに市民の「お客様」化も注意が必要である。時折、開催に当たる挨拶として聞かれる「えー本日はお忙しいなか、ご出席を賜り、誠にありがとうございます。それでは早速、本プロジェクトの内容につきまして、私共の方からご説明をさせていただきます」といった過剰なへりくだりは、住民との協働や主体性の意識を促すうえで、かえって参加者を「お客様化」するマイナスの雰囲気につながることもあるので要注意である。すなわち、誰のためのプロジェクトなのかをお互いに認識することは基本的な姿勢として重要である。施設を利用し、メリットを享受するのは住民もしくは市民であり、ワークショップは単に意見を言う／聞く場ではなく、施設整備後に最大限の効果を得るための協力体制をつくる場なのだという認識をまず持ってもらわなければいけない。さらに言えばそれは市民のためのプロジェクトであり、プロジェクトが成功することで市民にどのようなメリットがあるかをしっかりと伝え、一緒に頑張っていこうという場づくりが重要である。

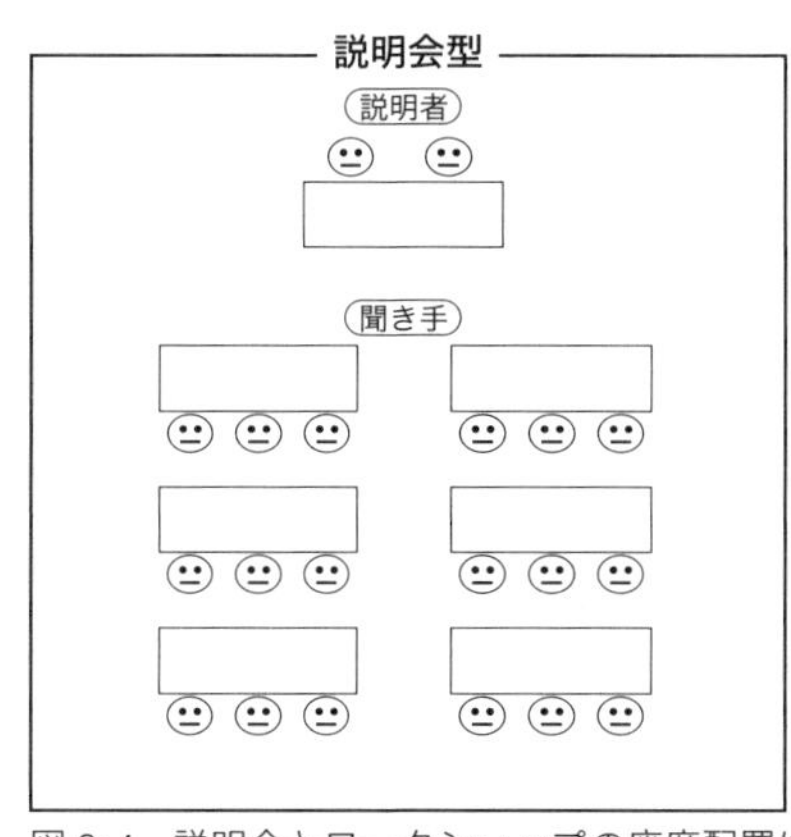

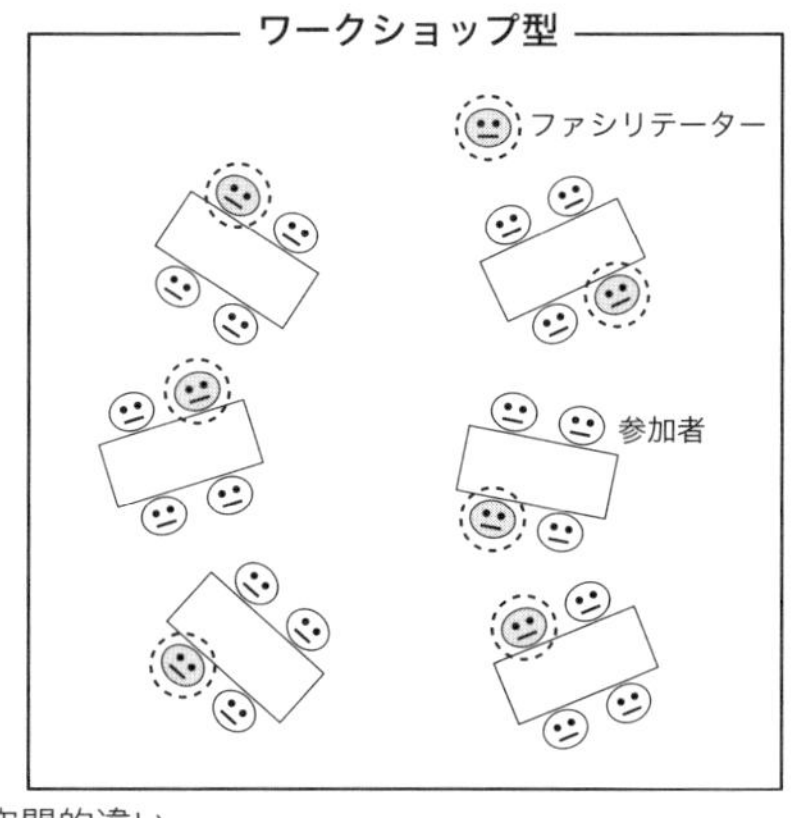

図6·4　説明会とワークショップの座席配置に見る空間的違い

「お上」などと言う行政に対するある種の責任転嫁の意識や、行政自身も住民からの質問には「全て応えられるレベルの情報（しか出さない）」という完全アカウンタビリティ主義から脱しなければならない。時には正直に予算やプランの弱みを示し、解決策に向け柔軟に知恵を借りるスタンスなど、市民との水平な関係づくりに努める必要がある。

2 ― ファシリテーターの役割と要点

また同様によく耳にする「ファシリテーター」についても触れておこう。ファシリテーターとは、ワークショップなどの話し合いの場で参加者の話を引き出す中立的な進行役を指す。設計・計画者や住民双方の意見を聞きながら、第三者的な立場で最善の案を導き出す重要な役割といえる。留意すべきは、ファシリテーターが単に話し上手なだけで、住民意見をうまくまとめられる人物であれば全てＯＫというわけではない。あるべき施設整備とともにコミュニティの活性化を導くためには、プロセス全体と個々の成果物の質を客観的かつ専門的に考慮しながら、プロジェクトの成功とそれに伴う地域コミュニティの再生を導く職能が求められる。

具体的な現場においては、作業しているグループごとの進行役、つまりグループファシリテーター、我々は略して「Ｇファシ」と呼んでいる（ちなみに先述した全体ファシリテーターは「全ファシ」）は、話し合いが個人同士に分かれてしまわないようにするなど、一体的な作業を促す役割が求められる。

またあまり意識されない役回りなのだが、その他のスタッフの動きについても、用意周到に準備しておくことが実はワークショップの成功の鍵となる。ワークショップ中、作業に必要なペンのインク切れ、または意見を書き出す模造紙が足りないといった予期せぬ出来事は多く、その際に速やかにサポートする（我々は「パシリテーター」と呼んでいるが）、会場全体の不測の事態に特化したサポート役も重要である。またつい議論が過熱すると、時間が延びたり1人の参加者が長く話し続けたりするケースも往々にしてある。通常は全ファシがタイムキーパーをすることが多いが、グループごとに行われる作業結果の発表では、「あと1分」「終わり」などのお知らせが、大きく書かれた画用紙とともに（我々は「終わりカード」と呼んでいる）、やや大げさに出してもらう行為なども重要である。会場全体に終わりであることを知らせつつ、大げさな動き（ややコミカルであるくらいがより効果的）が雰囲気を和ませながら、会を進行させることにつながる。

また細かい話をすると、終わりカードを出すタイミングも一律に発表時間で決めているのではない。発表終了間際にとても大切な意見を述べていることも多く、実は全ファシとの目と目の会話で、柔軟に終わりカードを出すタイミングを決めたりする（写真6・4）。すなわちワークショップという創造的な意見を円滑に述べてもらう作業や雰囲気づくりは、細かい準備が支えており、単に集まって話し合えば上手くいくという安易なものではない。

写真6･4　終わりカードを出すタイムキーパー

3 ― プロセスとプログラムのデザイン

市民参加の現場でよく聞く「プロセス・デザイン」と「プログラム・デザイン」についても述べておきたい。これら二つのデザインに関する定義は諸説あるものの、プロジェクト全体の流れをどのように進めていくかを事前に考案しようとするのが「プロセス・デザイン」、さらにその流れのなかでワークショップなど、個々に話し合われる場の内容を細かく考案することを「プログラム・デザイン」と大別することが多い。特にプロジェクトの初期に「プロセス・デザイン」をまずもって行うことで、段階的に進められる活動過程とそのスケジュールを関係者が共有する機会が得られる。またプロジェクト全体の到達目標とそれまでの道のりとなる各ワークショップの成果物のつながりを明らかにすることもできる。つまり、各ワークショップで最低限必要な成果物とその具体的なあり方を事前にイメージすることができ、プログラム・デザインを進めるうえでも有効である。

私見だが、これら二つのデザインにおいては、プロジェクト全体の達成目標をまずもって決め、そこから「逆算」してそこまで

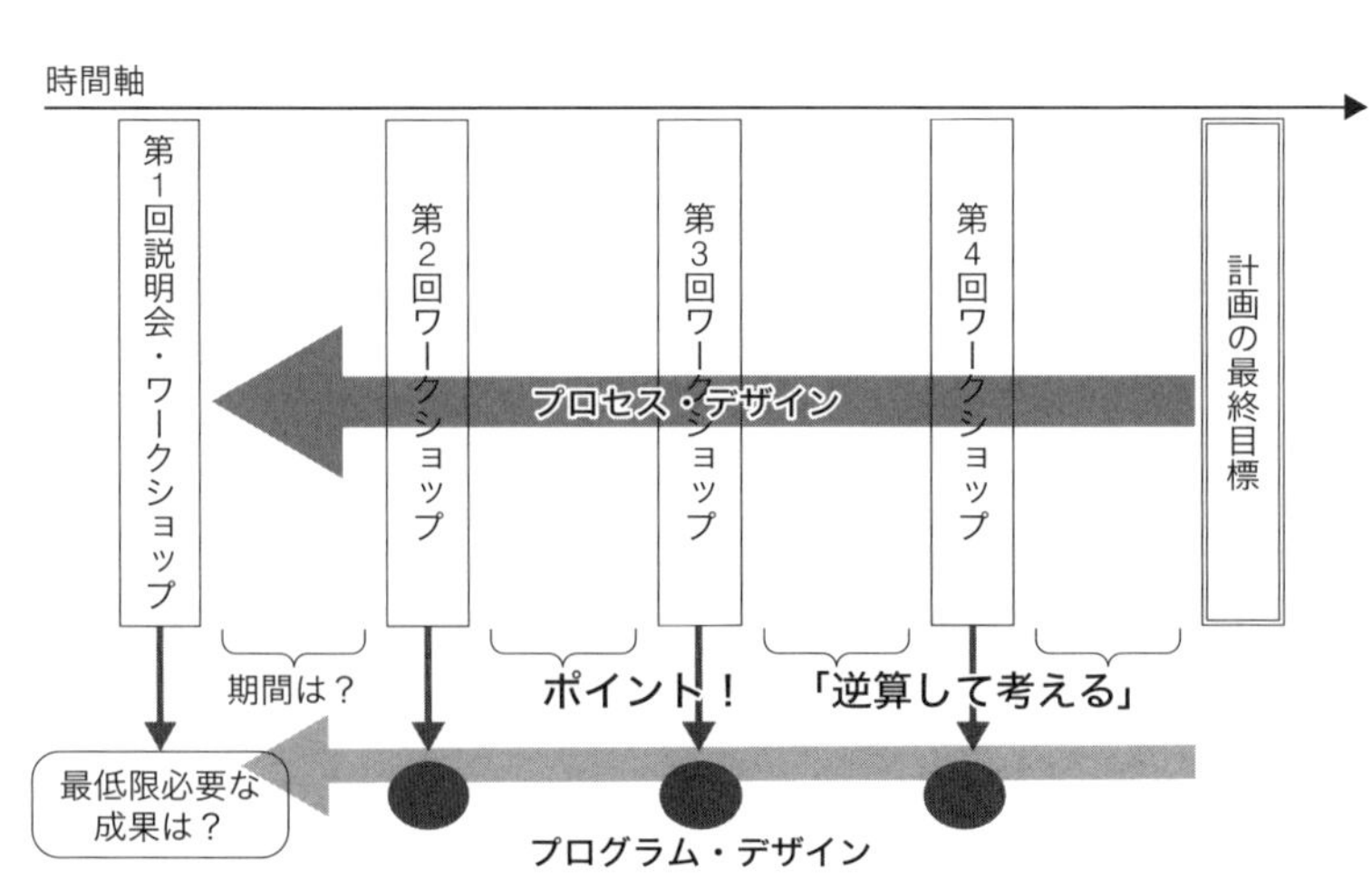

図6･5　プロセス･デザインにおける逆算のすすめ

の個々の流れを考えていくやり方が有効と考えている。ゴールとそこまでの大まかな道のりが見えていれば、ワークショップでの性急かつ無理な合意を取るケースを防ぐなど、住民との合意形成の問題を冷静に対処できるようになる（図6・5）。また参加している住民にとっても、自分たちが何を目指して話し合っているかを先に共有しておくことで、プロジェクト全体の円滑な進行を促すことにつながる。経験的にも、事業によっては強い反対意見を持っておられる参加者が当然おられ、ワークショップが始まった瞬間にまるで堰を切ったかのように1人演説が始まるケースもある。そうした場合に先述した全体プロセスを先に示しておくことが、参加者にとってその意見が「今言わなければいけないタイミングなのか」もしくは「後でまたじっくり議題となる内容なのか」を考える機会を生み、参加者の不満や焦りを一旦冷静に考えてもらえる雰囲気づくりに貢献する。

ワークショップにまつわる二つの疑念

『ワークショップ』の著者、木下勇氏は「ワークショップは集団創造の方法で合意形成の方法ではない」と明言しているが、ここでは活性化を導く公共施設づくりにおけるワークショップの性格と、これまで問われることの多かったワークショップに対する疑念ならびに合意形成に対する筆者なりの考えを述べてみたい。

1ー住民参加の形骸化と免罪符問題

悲しいことだが、未だに「ワークショップさえ開けば住民参加になっている」「ワークショップを開けば、住民が意見や文句を言えて気が済むのでは（いわゆるガス抜き）」、あるいは「ワークショップを実施したので住民への説明責任は果たした」といった言い方をされる方に会うことがある。無論、ワークショップの実施など、住民参加の手続き自体を目的化していては、活性化などの成果を生み出せるわけがない。確かに本来ワークショップは合意形成の手法ではないし、また合意形成を目的とした方法でもない。しかし、敢えて言えば、ワークショップが他人の意見と自分の考えを相対化する場となったり、それまで知らなかった情報を入手することで、結果的に円滑な合意形成につながることはよくある。むしろ、そのようなワークショップになっているかどうかは欠かせない重要なチェック項目といえる。また逆に、とにかく住民の意見をやみくもに反映させようとする、いわば機械的な住民参加は本質的とはいえない。あくまでも活性化施設の計画・デザイン案自体の洗練につながっていることが重要であり、時には専門家が自信を持って計画案の魅力を力説しなければならないケースもある。

例えば筆者は空間や施設の設計に際して、住民に対し「○と□でどっちがいいか」といった具体的な形状を選ばせるような問いかけは一切しない。施設をどのように使いたいか、また従前どのように使われているかを徹底的に聞き取り、○と□のどちらが適切であるかを専門家としての根拠を示しながら、提案することを心掛けている。

無論、独善的な説明はナンセンスだが、要は参加する住民や利用者がその提案の良否を判断しなければばならない状況で、デザイナー側が判断するに足りる根拠データを示しているかどうかが吟味されなければならない。住民との合意形成には、施設計画方針案の根拠となる現状のデータを把握し、これらをビジュアルに分かりやすく提示する「説明の仕方」が極めて重要なのである。例えば、高さ制限などの規制を含む合意形成の現場では、あたまから「景観を阻害」とか理想論を掲げても先に進まない。規制する高さでエリア内に何件の違反が想定され、守っていける、つまり実効性のある高さはどのくらいかを現状データから探っていく道筋が明快かどうかにかかっているのである。

2 ―よくある質問――ワークショップは洗脳か?

この問いかけは、ある種、純粋な学生さんやワークショップを仕事として理解しながら、本音ではほとんど有益性を信じていない方（苦笑）などからよく聞かれる。つまり、ワークショップはある種の集団心理として操作する場のようにもみえ、導きたい案に誘導しているのではないか？　との疑問といえるだろう。これに対し先述した木下氏の文献では「集団の構成メンバーの自由な討議が保証されている限り、排除できる」とある。先述したようにワークショップは合意することのみを目的としているわけではない。参加する住民の意見も様々あり、最終案に反映できない意見も結果的にあるかもしれない。しかし、共同の決定の場として、ワークショップにそうした意見が出ていたこと、またそれが討議を介していかなる理由で反映できなかったのかを共有するプロセス自体に意味がある。また筆者は次のような例示でこの洗脳問題を解くようにしている。

例えば、A、B、C、Dさんの4人でドライブに出かけたとしよう（図6・6）。運転する車が交差点にさしかかり、別れた道のどちらに進むか、ハンドルを握るAさんは左の道に行こうとする。それはAさんがこの辺に住んでいて、その道をある程度知っていて、近道だと知っているからだとする。しかし、そのときに助手席に座るBさんが、Aさんに「右の道の方が少し遠回りになるけど、美味しいものが食べられ、もっと快適なドライブになる」と地図や写真を使って熱弁したとする。するとAさんは、CさんDさんの意見を聞きつつ、どちらに行くか、少々時間をとって話し合おうとする。その際、Bさんは右の道に行くことのメリットを3人に分かってもらうため、自分の経験や知識、あるいは他所でのドライブでの成功例を言いながら、熱く説得するかもしれない。Aさんを含め、後部座席に座るCさんDさんも、もしかすると「どっちでもいい」と思っているかもしれないし、それなら右の道に行ってみようと思い始めているかもしれない。あるいはBさんの話を聞いた後に、Aさんが住んでいるからこその知っている左の道の良さを語り始め、メンバー全員が納得することもあるかもしれない。そして結果的にどちらの道が4人にとって魅力的かを考え、右の道に進んだとする。

これらドライブの一連の流れをワークショップの流れと考えているわけだが、Bさんのとった行動が「誘導」や「洗脳」という言葉で表されるとは私には思えない。例えばCさんがよりワークショップで言わ

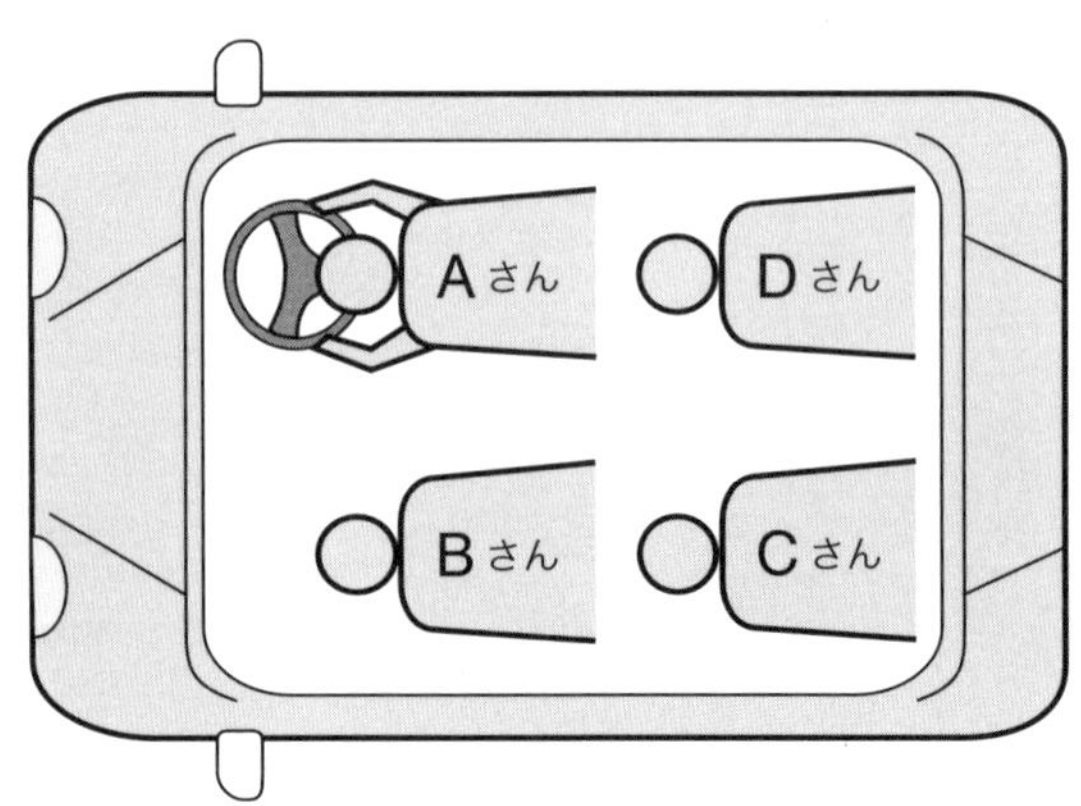

図6·6　ワークショップを例示した4人のドライブ

れるところの第三者的な進行役「ファシリテーター」の役割であったならば、なおさらだろう。このドライブの一連の流れを経たうえで、右の道に進み、結果的に、つまらないドライブになったとする。しかし、メンバー全員が納得した共同の決定であるなら、笑って許せるものではないか。例えば5人乗りでこの一連の流れを知らないEさんが後から乗ったとしたら、ハンドルを握っていたAさんの責任を追及するかもしれない。既にお分かりかもしれないが、ここでのBさんが施策を推進する行政や計画、設計者に当たる人を想定している。Bさんには道を決める（合意形成）に至る説明力が求められ、地図などを使ったプレゼンテーションと内容の質、データ量などによって、納得してもらうことが重要なポイントである。

一方でハンドルを握るAさんが行政もしくは計画設計者であったならば話は違ってくる。ドライバーが先述した提案も説明もなく何も言わずに黙々と運転して目的地まで着いた場合、より快適なドライブの機会があったことさえ気づかず、結果的につまらなかった場合にもドライバーの責任は追及されるだろう。またB、C、Dさんが右の道に行くことを提案、もしくは質問しているにも関わらず、ハンドルを握っているのはAさんであり、問答無用で走り続ければより不満の積もったドライブとなることは間違いない。またB、C、Dさんにまるで左の道しかないかのような口ぶりでドライブが進められたならば、それは嘘のある独りよがりなドライブとして嫌われるだろう。すなわち、右であれ、左であれ、ドライブ中の話し合いの行われ方が鍵であり、ワークショップが洗脳かどうかは、各ワークショップで導かれる成果とその積み重ね方のプロセス全体が関係者同士で納得されている形であるかどうかにかかっている。

5 合意形成の極意

1 頭でなくカラダを使うこと

これもよく言われるところだが、合意形成やまちづくりの課題把握に向けた作業はできるかぎり動きのあるやり方を取り入れることが望ましい。身体を動かしながら話し合いが行われることは、頭の活性化や優れたアイデアが出やすい雰囲気づくりにも貢献する。例えば基本的な方法である「まちあるき」は普段目にしている自分たちの地域や暮らしの風景を他人と現地共有することで意外な発見を促す。写真６・５は子どもたちと一緒に広場の設計を考えたワークショップの一コマであるが、普段座っているイスの高さや対象エリアに植えられている桜木の間が実際どのくらいの距離にあるかを実地で測ってもらった。いずれも図面などを見れば分かるのだが、５mや10m、30cmの段差など、一言で済まされる規模のイ

写真6･6　湧水めだか公園整備における芝張り

写真6･5　福岡教育大学附属福岡小学校における広場づくりワークショップ

メージを全員で改めて共有することで「意外と大きいな」「思ったより小さい」などといった認識のズレを修正してくれる。

特に筆者の経験からすると、各種道幅などはできる限り「大きめ」に要望する方々も多く、沿道建物の立地など、制約条件との兼ね合いから議論を進める際にもこうした実地作業は効果的である。その他、最近、広場づくりなどではよく見られるところとなった、参加者自らで行う芝張り作業などは、完成後の広場に対する愛着とともに、芝張りという共同作業によって参加者間のつながりや雰囲気を良くする効果も期待できる（写真6・6）。

2 — 本当の「主体性」が形成されているか

ワークショップなどの住民参加プログラムに参加し、地域の課題や活性化施設の方針を考えるプロセス自体が参加住民の主体的な行動、意識を芽生えさせる、いわば「主体性」の形成過程として重要であることは既に言われている。地方都市において、衰退するコミュニティを再生することは、地域経営や防災など多くの成果に発展する可能性もある。また活性化施設の利用者や支援者さらには維持管理や施設経営に携わる組織の樹立など、行政に頼らない市民

写真6·7　熊本大学の田中尚人准教授らが進める「妄想会議」。総合計画の見直しワークショップを契機に「市民が勝手にもっと熊本市をよくしよう」との発想から生まれた。本会議で発案された「おたがいさま食堂」は2016年に起きた熊本地震の復興支援の活動にもつながっている。（提供：田中尚人）

社会の自立、まちづくりの自走への契機にもなり得るだろう（写真6・7）。

しかし、実施されているワークショップの内容が、本当の意味で「主体性」の形成に寄与しているかどうかを吟味することは重要である。後述する「コミュニティ・デザイン」の12ステップでは早い段階に目標設定が行われているが、これに対して、「主体性」の形成が「集まって仲良くなる」ことだけで達成されるものと考えているワークショップはいかがなものか。主体性が形成された後に得られる成果が必ずあるはずだし、活性化やにぎわい再生などの難しい課題に取り組むうえでも、現実的な動きが極めて重要といえる。それは時に利害関係を調整しなければならない場面もあるだろう。また喧々諤々討論によって地域が進むべき道を選択しなければならない事例もあるだろう。主体性の形成は、話し合いの結果が当初の目的である施設案や具体的なアクションの洗練につながっていなければ、片手落ちと言っても過言ではない。もっと言えば、主体的でみんな仲良くなった一方で、何の洗練もなくでき上がった施設が供用開始後に失敗したとしても、参加した住民は責任を取れない。もしかすると関わったことを隠すことさえあるかもしれないし、せっかくできた主体組織の自信を失わせることにもなりかねない。私見だが、住民参加の評価は、むしろ結果的に出される最終案のクオリティの向上につながるプロセスであったかどうかが重要であり、ひいては前述した参加の形骸化を是正することにもつながる。その成否は、ワークショップなどで住民から意見を受け、計画案を仕掛ける行政や専門家の腕の問題であり、当事者はその責任を自覚しておく必要がある。

コミュニティ・デザインと空間デザイン

1 コミュニティ・デザインと参加型まちづくり

住民参加型まちづくりと同義に扱われることも多い「コミュニティ・デザイン」は、近年、山崎亮氏(studio-L代表)の著作に豊富な事例が述べられている。筆者はコミュニティ・デザインについて「空間の設計・計画プロセスに住民を取り込むことで、空間形成のみでなく、地域コミュニティの成熟を図ろうとするデザイン方法論」と定義している。先述したように土木分野においては、パブリック・インボルブメントという言葉も使われ、事業に対する意見収集や合意形成の色合いがより強い。一方、コミュニティ・デザインの先進国アメリカでは、計画案に意見を反映する段階や手法が注目されがちな我が国の「市民参加」に対し、住民間のネットワーク化によるコミュニティの再生と環境的公正[*2]を主眼とする思想など、示唆的なところが多い。土肥真人氏(東工大准教授)によれば、そもそもコミュニティ・デザインは、アメリカで1960年前後に提唱され始めた社会運動にその始まりを有している。[*3]当時のアメリカでは合理的な都市の形をつくり上げるために科学的かつ合理的「基準」の創出が目指され、コミュニティからのインプットがプランナーやデザインに関係のある事柄として捉えられることはなかったという。しかし、貧富差やコミュニティの衰退といった様々な都市問題の発生により、専門家への社会要請の複雑化ならびに専門家の役割や既存都市計画の再考が叫ばれることになる。そうした社会潮流のなかで「アドボカシープランニング」[*4]の提案がなされ、市民参加を保証する制度と共に、コミュニティ・デザイナーという職能が誕生する。我が国においても、高度経済成長期に多用された「標準設計」のあり方が見直され、市民参加を規定する法制度が充実するなど、参加による活性化を目的としたまちづくりや空間デザインはもはや一般的であり、合意形成の場面も多い。以下、コミュニティ・デザインならびに住民参加型まちづくりに有用な方法論について概説しておこう。

2 ― コミュニティ・デザインの12ステップと習熟すべき四つの手法

では前述のプロセスやプログラムを具体的にいかなる順序で進めていけば良いのか。前述したランドルフ・T・ヘスター氏（カリフォルニア大学バークレイ校名誉教授）はその著書のなかで、自らが主宰するコミュニティ・デベロップメント・バイ・デザイン事務所で用いられている12ステップ[*5]を紹介している（図6・7）。これを見ると、まず一つ目のステップとして「コミュニティの話を聴く」、次いで筆者が最も重要と考える「目標を設定する」が二つ目のステップにて登場する。さらに三つ目のステップ以降、「コミュニティの特徴を地図と目録にする」「人々が自分たちのコミュニティを知り直す」「コミュニティの全体像を獲得する」「予想される一連の行動を描く」と、プロジェクトの全体から詳細まで、図表などの活用によってビジュアルに共有、検討するステップが続く。そしてそれまでのステップを受け「場所の特徴から形態を構想する」「検討項目を整理する」「複数のプランを用意する」「プランの事前評

1 コミュニティーの話を聴く
場所を知る

2 目標を設定する
場所を知る

3 コミュニティーの特徴を
地図と目録にする
場所を知る
場所を理解する

4 人々が自分たちの
コミュニティを知り直す
場所を知る
場所を理解する

5 コミュニティの全体を獲得する
場所を理解する
場所の世話をする

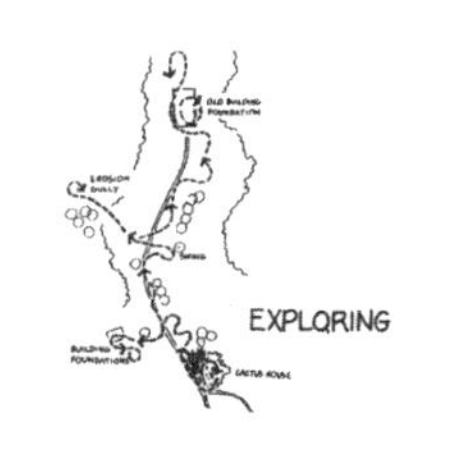

6 予想される一連の行動を描く
場所を理解する

7 場所の特徴から形態を構想する
場所を理解する

8 検討項目を整理する
場所を理解する

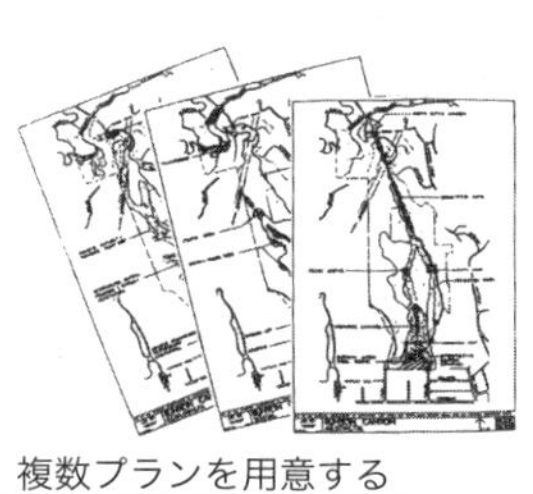

9 複数プランを用意する
場所を理解する
場所の世話をする

10 プランの事前評価をする
場所の世話をする

11 住民へ責任を移行する
場所の世話をする

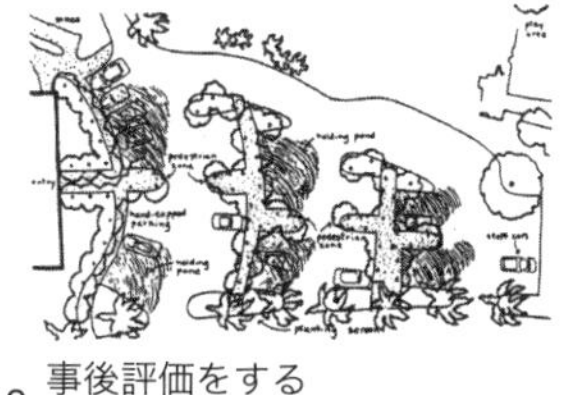

12 事後評価をする
場所を理解する

図 6･7　ヘスターの 12 ステップ（出典：文献 2）

価をする」といったプロジェクトの具体的な設計作業の進行が設定されている。さらに公共空間に対する関わり方など、住民意識の向上を目指す「住民へ責任を移行する」ステップを経て、「事後評価をする」ことで、プロジェクト終了後を見据えた持続的な取り組みを可能とするのである。

こうしたプロセス・デザインやプログラム・デザインの方法論に加え、ヘスター氏はコミュニティ・デザイナーが習熟しておかなければならない技術や手法として以下の四つを挙げている。[*6]

第1に「グループ・プロセスの手法」である。これはプロジェクトにおいて人々の共同作業を促すと同時に、対立する利益をうまくまとめながら共同の決定に持っていく手法を指す。これには近年、一般的になりつつあるワークショップやロール・プレイなどの技術が相当する。前述した佐伯市大手前開発事業では、市民会議に入る前に各グループの司会進行役を担う市役所職員が練習できるGファシのための会議を別途設けていた。そこでは次回の市民会議で話し合う議題、目標とする成果物のイメージを共有後、実際にテーブルに座って「あなたは意見を言うのに消極的な人」「あなたはずっと話したがる人」といった役（ロール）にそれぞれなりきり、Gファシとしてどのように対処すべきかを、体験的に練習する場を設けた。こうすることで予め共同作業を促す司会進行をイメージでき、進行に対する過剰な心配を取り除くなど、自信につながった職員もおられた。

第2にコミュニティを組織する手法が挙げられる。コミュニティ・デザインでは重要な作業として多くの現地踏査が求められるが、その際、同行するスタッフやボランティアの組織化は極めて大切な配慮となる。一つ恥ずかしながら30代前半であった頃の筆者の失敗談をお話ししたい。ある地域でコミュニティイベントを行うことになり、その準備のため、筆者らならびに何人かの学生とイベントのプログラム作成や役割分担の作業などにあたっていた。ところが本番当日、学生の1人が体調を崩し、イベント会場に来れなくなってしまった。ギリギリの人数で作業にあたっていたため、困っていたところ学生の1人から「自分の友達が暇にしているから手伝ってもらいましょう」と提案され、猫の手も借りたい一心から、その友人に手伝いをお願いした。告知や情宣の甲斐あって、かなりの参加者があり、イベントは成功するかに見えた矢先、事件は起こった。イベントの後半、少し手が空いたそのヘルプの友人が、会場に来ていた親子が連れていた犬をなで始めたのである。そこまでは良かったのだが、飼主の子ども(小学生くらいだったか)がやってきて、「僕の犬に触るな」と言い放った。言い方などはよく掴めていないのだが、そこでヘルプの彼の取った行動が「なんだこのくそガキ」と、ちょっとした言い争いに発展してしまったのだ。それを見ていた子どもの母親が、「うちの子になんだ。てめえどこの学生だ」と凄い剣幕で彼に近寄り、筆者も気付いたが時既に遅し、大喧嘩になってしまっていた。筆者は慌てて駆けつけ、何が起きたのかよく分からないまま喧嘩の仲裁に入り、憮然とする学生を横目に平謝りする始末。当然、会場全体の雰囲気は悪くなり、楽しく過ごしていた高齢者の方もしらけたムードでそそくさと帰ってしまった。

大人気ない行動に出たヘルプの彼にも原因はあるように思えるが、問題はこのイベントが参加者とのふれあいや親密な関係構築を主眼に、コミュニティのために行っている主旨や経緯について十分に理解させせないまま手伝わせた筆者に責任がある。コミュニティや地域との共同に関わる企画や計画に入る前に、作業スタッフあるいはボランティアなど、チーム内の意識統一や目標の共有は、当たり前のように聞こえて、意外に見過ごされやすい留意点といえる。

もう一つ、コミュニティを取り囲む地域の権力構造を把握し、これを利用することで有益な情報と話し合いの場を育てるケースもある。例えばこれも昔、筆者が経験した話だが、ある商店街の活性化策を話し合うワークショップ当日の昼間にまち歩きをしていた時のことである。途中お会いした何人かの方にヒアリングを行っていたのだが、そのうち、商店街の課題や今後に対する思いを語ってくれた商店主がいた。その夜のワークショップ本番、筆者は全ファシとして、商店主に話を振ったところ、一言も話してくれず、結局その会はそのまま終了したことがあった。帰り際にその商店主にそっと話しかけ、「昼間と違って今夜はどうしたんですか」と尋ねると、「実は私は雇われ店長で前に座っていた人がオーナーだったんですよ」と話しづらかった状況を打ち明けてくれたことがある。そこで第2回目のワークショップでは、そのオーナーに（もちろん商店主の事情には一切触れずに）Gファシ役になってもらうことを事前にお願いし、商店主に「どんなことでもいいので率直な考えを聞かせてほしい」旨の問いかけをオーナーからしてもらう工夫をした。するとその商店主は少々戸惑いながらも、まるで堰を切ったかのように商店街の現状や課題について話をしてくれたのであった。写真6・8はヘスターのパワーマップであるが、コミュニティ内の人間関係をこのように「見える化」し、合意形成などの作業にあたると本人から話を聞いたことがある。日本でパワーマップがどれほど有効か（お国柄このような手法が沿うかどうか）は分からないとこ

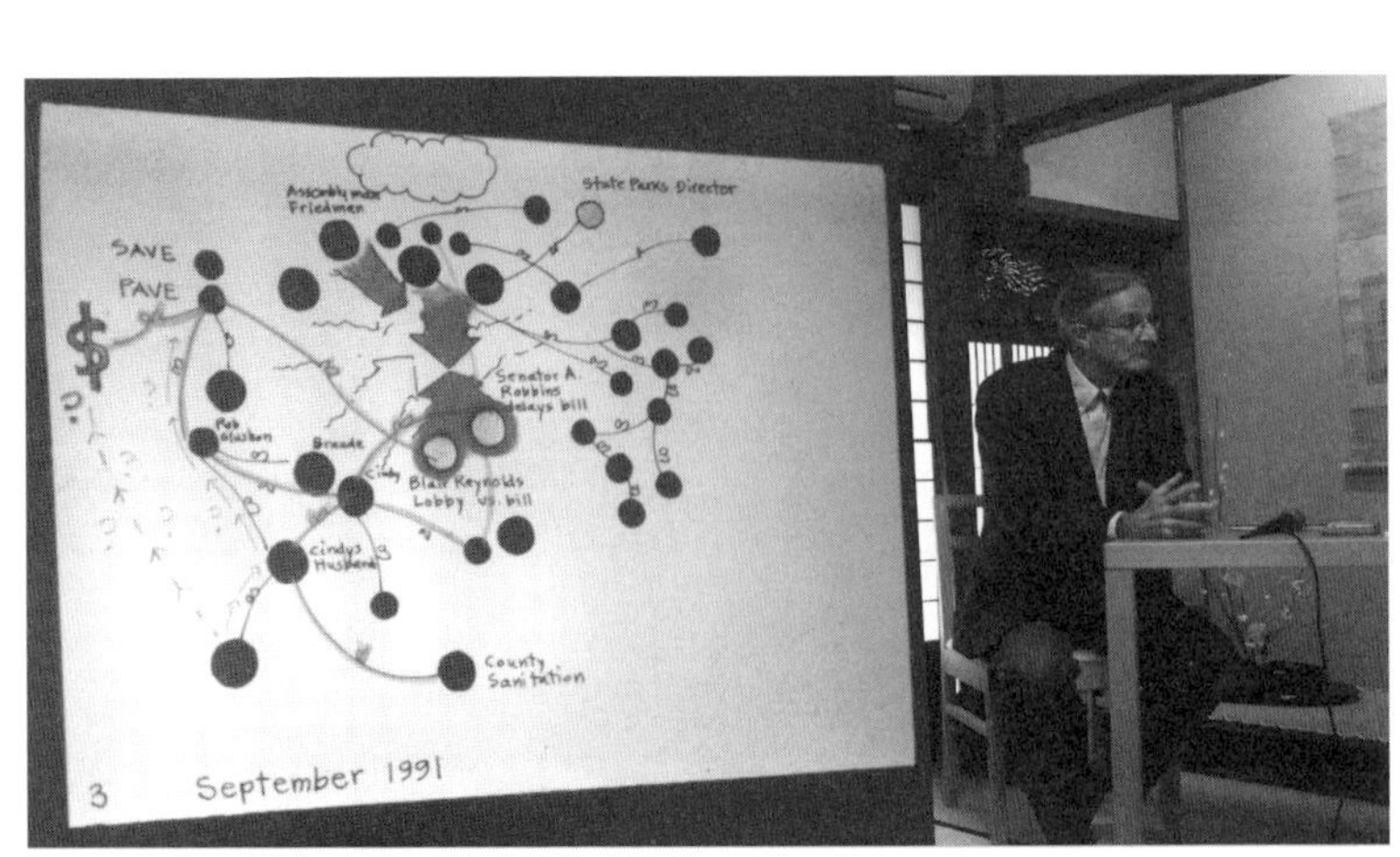

写真6·8　ヘスターの「パワーマップ」

ろもあるが、チーム内での準備作業としては注目に値する手法の一つである。

第3に、明確なデザインである。コミュニティ・デザイナーは形態の読み取りなど、デザインの基礎的な理解から実際の設計技術に至る広範囲の視点を必要とし、コミュニティから得られた意見や情報から、空間への集約・統合を行っていかなければならない。対象地域やエリアに既に存在する景観資源など、地域独自の文脈にデザインをうまく組み込むことが求められる。にぎわいを再生するためのコミュニティ・デザインにとって、その過程でのネットワーク化の重要性は既に述べたが、対象とする空間に対して、どのようなところに愛着や親しみを持っていたのか、既存空間への意味づけとともに、新しい魅力と機能を合わせ持つデザインをいかに提案するかが問われる。先述した「にぎわいを呼ぶ正の循環構造」につなげていくためにも、魅力的な形や機能を考案できるかどうかは絶対的に重要であり、デザイナーとしての腕の見せ所でもある。

第4に明瞭なコミュニケーションである。プロジェクトに関わる問題を普通の人が理解できるかたちに翻訳し、考えられるように表現する場面が住民との対話には必要となる。つまり、それはコミュニティに専門家としての考えを知ってもらうことの重要性につながる。ここでは地図や絵、模型の使用、紙、カード、ペンなどのコミュニケーション・ツールの活用が有効となる。経験的に活性化のための施設計画などにおいては、周辺エリアの状況や施設へのアクセス性、主要動線など、地理的・空間的情報が不可欠となることから、ワークショップなどの住民との対話で机に置く記録媒体は、できるかぎり白模造紙だけでなく地図をベースに書き込めるものを準備する方が良い。

ここで一つ既によく知られている「ファシリテーション・グラフィック」と呼ばれる合意形成の手法について、その有用性を整理しておこう（写真6・9）。まずファシリテーション・グラフィックとはワークショップなどにおける議論の内容、ポイント、流れなどを、議事録形式ではなく、図的に構造化して記録する方法といえる。壁一面に模造紙を貼り、議論中に質問内容やその回答、コメントなどをリアルタイムで順次書き込んでいく。その際、紙の左上から書き始めてもいいし、中心的な議論と思えば紙の真ん中から書き始めても構わない。要は議論の「構造」が明示されていることが重要なのである。また少々上級者になれば、議論のポイントや具体例を「アイコン」と呼ばれるイラストを交えるなど、会議の雰囲気づくりにも貢献できる。ファシリテーション・グラフィックには大きく二つ、議論や討議における①堂々巡りの抑制（住民との全体討議などで繰り返し同じことを発言される方がいる際に、ファシリテーション・グラフィックを全員で確認しながら「この話は先ほどもしましたね。次にいきましょう」と丁寧に進行を進めることができる）、②遅刻者の理解の追いつき（会場に遅れてきた参加者が既に話し合われた内容の流れを図的に捉え、理解スピードを早める）といった効果が見込める。

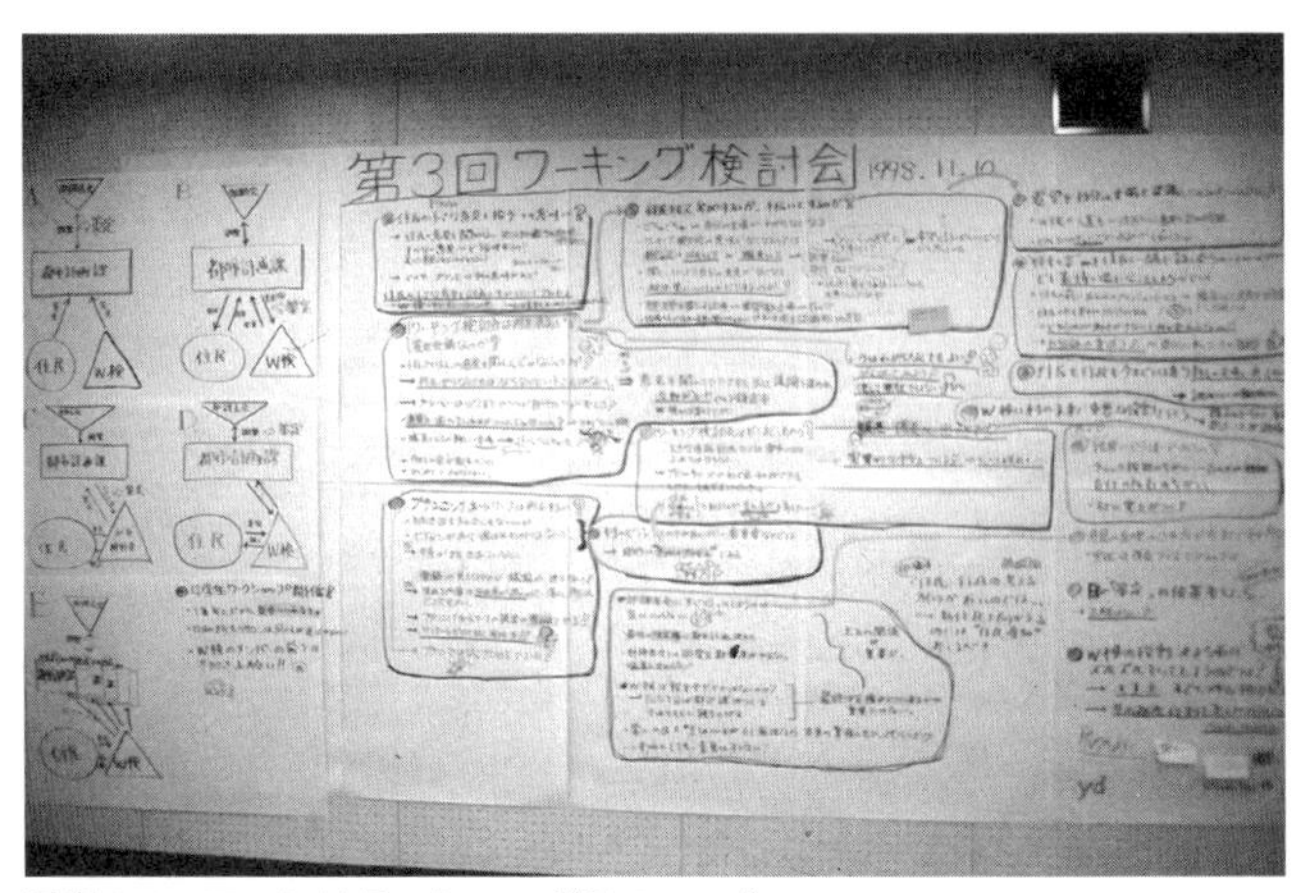

写真6･9　ファシリテーショングラフィック

3 ― 多様な価値観を共存させる調整力

公共空間を対象とした参加のデザインには、「デザイン」が美醜の価値を含まざるを得ないこともあり、成果となる「かたち」の良否が問われることは不可避といえる。しかし、周知の通り公共空間に対する価値観や重みは人それぞれであり、決して一つではない。そうした様々な価値観の方向があるなかで、我々は公共空間のデザインやマネジメントの1歩を少なからずある方向に進めていかなければならない。覚えておきたいのが「価値観が一つでないこと」は必ずしも「価値観を共有できないこと」と同義でないことである。もっといえば、それら異なる価値観の架け橋として相互を関係づける「構造」を探り当てることの重要性に気付かなければならない。実は、そうした価値観の「共有」や「構造」を見出すことが住民参加や合意形成プロセスの達成すべき目標の本質といっても良いだろう。公共空間の整備に対する価値観や見方を住民や専門家が互いに知ることで、双方自らの空間に対する価値の方向を吟味し、深化させていくプロセスのあり方が求められるのである。

それは公共空間のデザインやマネジメントを題材に、住民同士が信頼関係やネットワークを形成していく機会を有し、コミュニティ・デザインの目指す射程といえる。逆に言えば、住民参加や合意形成のプロセスがそのような目標を達成できる手続きとして十分機能しているかどうかは常に留意しておかなければならない。単に説明責任や住民意見の反映といった観点からでなく、成果として生み出される施設とそれに携わるコミュニティの「かたち」がいかに質的に向上するかを問わなければならないのである。

さらに言えば、活性化を目的とした、にぎわい拠点施設の「かたち」には、多くの人々にとって、快適で喜ばれる機能が求められることは必須である。時には利害の対立する人々の両方が納得する施設づくりが求められるであろうし、施設のリニューアルなどに関する設計・計画の方針、施工方法などにおいても様々な組織や部署間の調整は不可欠である。ハードにとどまらず、暮らしに関わるルールづくりなども同様である。すなわち、公共空間の優れたデザイン、マネジメントを達成させるうえで「調整力」の養成は必須と言え、調整力を制するものが優れた公共空間デザイナーであるといっても過言ではない。本章で述べた思想や技術が、少しでも読者の調整力の養成に役立つことを願う次第である。

注釈・文献

＊1　例えば木下勇『ワークショップ――住民主体のまちづくりへの方法論』学芸出版社、２００７や伊藤雅春『参加するまちづくり』OM出版、２００３などがある。また浅海義治らによって書かれた『参加のデザイン道具箱』世田谷まちづくりセンターは、１９９３年に出版されてからパート3まで出されている。

＊2　ランドルフ・T・ヘスター／土肥真人『まちづくりの方法と技術――コミュニティー・デザイン・プライマー』現代企画室、１９９７

＊3　前掲（＊2）１１7頁、１９９７

＊4　アドボカシープランニングとは、都市計画家ポール・ダビドフが１９６5年に提唱し、都市計画の決定過程において、利害関係者である集団がそれぞれの立場（多元的な価値観）で計画を提案しあうことで、計画の合理性を高めるという考え方である。同時に社会的弱者のコミュニティを支援する専門家の役割についても提起されており、その後の市民参加型都市計画の進展に大きな影響を与えている。

＊5　前掲（＊2）28～１１7頁、１９９７

＊6　前掲（＊2）60～61頁、１９９７

あとがき

まずは本書に最後までお付き合い頂いた読者の皆さんに、心から感謝を申し上げたい。本書は筆者がここ十数年で取り組んできた、現場での経験や研究活動の成果を取りまとめたものである。

微力ながら筆者が景観やまちづくりの専門家として活動してきたことは既に読み取っておられると思う。筆者はもともと「景観と人との関係」に興味があり、少々青臭いことを言うようだが「美しく魅力的な景観には人が笑顔で居心地よく過ごしている様子が不可欠である」と考えていた。そのため、より多くの人々の笑顔を引き出し、豊かな活動を生み出せる場所として、公共空間の可能性に着目するようになった。公共空間が美しく、居心地よく、多くの利用がある状況をつくりだすことが、特に都市の景観形成にとっては重要なポイントであると考えている。

一方、筆者は多くの地方都市で景観やまちづくりの仕事に携わるようになり、地方都市が抱える様々な実情に直面することになる。人が減っていく、お金がないなど、暮らしている人たちの多くから、諦めの様子も見て取れた。また公共空間に幻想を抱く人も多く、「公共なのだから役所に任せておけば良い」「税金を使うのだから、言えば何でもやってくれる」などの言葉もよく聞いた。逆に「公共空間など何もできやしない」と失望している人にもたくさんお会いし、叱責を受けたこともある。

筆者は、そうした幻想や失望の意識を少しでも変えたかった。そして、そのためには暮らしている人々が日常的に目にする公共空間のデザインとマネジメントを、意識変化の機会として作用させることが重要だと考えるようになった。だからこそ、地方都市の再生にはまず、まちの現状と課題を暮らしている人々とともに冷静に話し合うところから始めるべきだと考えている。さらにまちを楽しくしたいと一念発起する人たちを全力で支援し、成果を着実かつ戦略的に積み上げることで、まち全体への波及効果を目指す努力が求められる。地域らしさとともに洗練された本物の公共空間が整備されていくことで、そこにしかない地方都市のブランド化と市民の愛着、誇りを取り戻し、幻想や失望からの意識変化にも貢献できるのではないか。引いてはそれが魅力的な地方都市の景観形成にもつながると考える。本書にはそのような思いを込めたつもりだが、本書をきっかけに、地方都市を公共空間から再生する仕事や活動、取り組む仲間が少しでも増えてくれることを心から願っている。

言うまでもなく筆者が本書を執筆できたのは、書中に記せなかった事例を含め、多くの現場や研究活動でご協力、ご指導いただいた方々のおかげである。また本書で紹介した事例の多くは福岡大学景観まちづくり研究室のメンバー（卒業生を含む）とともに携わったものであり、掲載した図などは、彼、彼女らの協力によって作成されている。なお本書の執筆期間における写真の整理や図版等の作成には、景観まちづくり研究室アシスタントの原田麻里氏、大学院生の遠藤侑輝君、吉田奈緒子君にご協力を頂いた。ここに記して謝意を表したい。

また本書の編集を担当して頂いた学芸出版社の井口夏実氏には常に的確なご意見とサポートを頂き本当にお世話になった。古野咲月氏には、煩雑な編集作業を丁寧かつ円滑に遂行して頂いた。心から感謝を申し上げたい。

最後に本書の執筆時間を確保するために、家族には大変迷惑をかけた。感謝の気持ちと共に、子どもたちの暮らす地方都市の未来が少しでも明るくなってくれることを願いつつ、本書を閉じたい。

２０１７年10月　柴田 久

地方創生…… 12, 28
中心市街地活性化…… 11
超線形設計プロセス論…… 70
庁内勉強会…… 134
土…… 109
透過性…… 114
土木工事…… 128

■な
ニーズ…… 207
日常性…… 13

■は
パークレンジャー…… 188
波及効果…… 56, 65
波及性…… 14
白紙撤回…… 75
ハコモノ…… 28
ハコモノ行政…… 10
パシリテーター…… 211
パブリック・インボルブメント…… 221
パブリックコメント…… 95
パワーマップ…… 226
必然性…… 20
人の動線…… 205
ヒューマンスケール…… 50
標準設計…… 222
表面の仕上げ…… 112
ファサード…… 45
ファシリテーション・グラフィック…… 227
ファシリテーター…… 79, 210
ブランド…… 187
ブランドづくり…… 102, 106, 117
プレゼンテーション…… 98
プログラム・デザイン…… 212
プロスペクト・リフュージ理論…… 21, 50, 57
プロセス・デザイン…… 212
防災…… 121
防犯まちづくり…… 40, 44
舗装…… 109
歩道…… 92
歩道拡幅…… 90

■ま
見える化…… 226
見晴らし…… 22
見る・見られる…… 19, 45, 49, 185
目抜き通り…… 90
模型…… 42
ものづくりワークショップ…… 84

■や
誘導サイン…… 121

■ら
らしさ…… 16, 106
ランドスケープ・アーキテクチュア…… 180, 181, 182
ランドスケープ・アーキテクト…… 26
ランドスケープデザイン…… 47
利益…… 29
利用者数…… 29
ロール・プレイ…… 224

■わ
ワークショップ…… 27, 63, 71, 198, 200, 208, 215, 220

索引一覧

■英数
ICOMOS 103
SNS 124
TMO 38

■人物
ジェイコブス，アラン・B 168
フッド，ウォルター 186
フランシス，マーク 183
ヘスター，ランドルフ・T 20, 181, 222

■あ
アーバン・デザイナー 174
愛着 51
アスファルト舗装 110
アドボカシープランニング 222
アメリカ西海岸 164
アンケート 137
居心地 22
石 106
維持管理 24
石積み 107
色 115
インターンシップ 190, 194
ウォーターフロント 192
エイジング効果 110, 152
オープンスペース 34, 35, 47, 54
お化粧ではない 152
終わりカード 211

■か
海岸景観 154
ガイドライン 134, 138
回遊性 88
過疎化 130
活性化 12, 14, 28, 29
活性化拠点 60, 205
活性化指標 28
活性化プラン 191, 192
ガバナンス 89
観光 104
観光戦略 125
逆算 212
空間の履歴 52
グループ・プロセス 224
グループファシリテーター 210
景観アドバイザー 128, 146
景観アドバイザー制度 143
景観資源 118, 120
景観重要公共施設 140
景観デザイン 15
景観把握モデル 15
景観法 10, 131
経済効果 175, 177
継続性 14, 24
建設コンサルタント 82
コアメンバー 158
合意形成 27, 62, 70, 141, 198, 218
合意形成プロセス 199
公共空間 10
公共事業等デザイン支援会議 125
コスト 129
国家戦略特区 36
コミュニケーション 227
コミュニティ 20
コミュニティ・デザイン 24, 27, 220, 221, 227, 229
コミュニティ効果 178
コンクリート 112
コンクリートブロック 150
コンテナ 158
コンフリクト 180, 181

■さ
サイン 121
柵 114
サンフランシスコ 165, 176
シェアオフィス 68
時間価値 30
視距離 50, 57
視線 185
視線交錯 45
視線入射角 18
視線のデザイン 187
視点場 16, 18, 118
市民参加 141
社会基盤整備 105
社会実験 156, 159
借景 17, 45, 57
住民参加 25, 137, 214
重要文化的景観 127, 129
重要文化的景観地区 103
主体性 219
人口減少 10
侵食対策 153
整備方針図 142
世界遺産 188
世界遺産登録 102
説明会 208

■た
ターゲット 160, 207
体感治安 55
対人距離 57
地域活性化 148
地域ブランド 147
地方固有 149

著者紹介

柴田 久（しばた ひさし）
1970 年福岡県生まれ。福岡大学工学部社会デザイン工学科教授。博士（工学）。2001 年東京工業大学大学院情報理工学研究科情報環境学専攻博士課程修了。専門は景観設計、公共空間のデザイン、まちづくり。カリフォルニア大学バークレイ校客員研究員等を務め、南米コロンビアの海外プロジェクトや九州を中心に四国、東北を含む約 50 の公共空間整備、地域活性化に向けた事業、計画、デザインの実践に従事。主な受賞に 2014 年度、2011 年度グッドデザイン賞、土木学会デザイン賞 2014 最優秀賞、2010 年度、2008 年度キッズデザイン賞、2014 年度福岡市都市景観大賞など。著書に『環境と都市のデザイン－表層を超える試み・参加と景観の交点から』『土木と景観－風景のためのデザインとマネジメント』（ともに学芸出版社、共著）など。

地方都市を公共空間から再生する
日常のにぎわいをうむデザインとマネジメント

2017 年 11 月 25 日　第 1 版第 1 刷発行
2024 年　2 月 20 日　第 1 版第 4 刷発行

著　者……柴田 久
発行者……井口夏実
発行所……株式会社 学芸出版社
〒 600-8216 京都市下京区木津屋橋通西洞院東入
電話 075-343-0811
http://www.gakugei-pub.jp/
E-mail info@gakugei-pub.jp

装　丁……赤井佑輔（paragram）
印　刷……イチダ写真製版
製　本……山崎紙工

ISBN978-4-7615-2660-3　Printed in Japan